土木工程施工
与项目管理研究

许子敬　王　猛　杨作显◎主编

四川科学技术出版社

图书在版编目（CIP）数据

土木工程施工与项目管理研究 / 许子敬，王猛，杨
作显主编 . -- 成都：四川科学技术出版社，2023.3
（2024.7 重印）
  ISBN 978-7-5727-0925-8

  Ⅰ . ①土… Ⅱ . ①许… ②王… ③杨… Ⅲ . ①土木工
程－工程施工－研究②土木工程－工程项目管理－研究
Ⅳ . ① TU7

中国国家版本馆 CIP 数据核字（2023）第 049455 号

土木工程施工与项目管理研究
TUMU GONGCHENG SHIGONG YU XIANGMU GUANLI YANJIU

主　　编　许子敬　王　猛　杨作显

出 品 人　程佳月
责任编辑　王　娇
助理编辑　张维忆　朱　光
封面设计　星辰创意
责任出版　欧晓春
出版发行　四川科学技术出版社
　　　　　成都市锦江区三色路 238 号　邮政编码 610023
　　　　　官方微博 http://weibo.com/sckjcbs
　　　　　官方微信公众号 sckjcbs
　　　　　传真 028-86361756
成品尺寸　170 mm×240 mm
印　　张　7.5
字　　数　150 千
印　　刷　三河市嵩川印刷有限公司
版　　次　2023 年 3 月第 1 版
印　　次　2024 年 7 月第 2 次印刷
定　　价　58.00 元

ISBN　　978-7-5727-0925-8

邮　　购：成都市锦江区三色路 238 号新华之星 A 座 25 层　邮政编码：610023
电　　话：028-86361770

前　言

随着社会的进步和科技的发展，建筑物的规模越来越大，功能、造型和相应的建筑技术越来越复杂化和多样化。新材料、新设备、新结构在土木工程领域得到了广泛的应用。当下，土木工程在城市建设中的地位越来越突出。想要让土木工程项目向高速化、优质化发展，提升土木工程项目质量，更好地为现代城市建设服务，就需要牢牢把握土木工程施工与项目管理两大关键。

本书从"土木工程施工"和"项目管理"出发，采用了分离式写作手法，将"土木工程施工"内容与"项目管理"内容分离开来，并细化论述。在土木工程施工方面，对基础工程施工进行了介绍，包括浅基础施工与桩基础施工两个方面，介绍了浅基础和桩基的分类以及对应的施工方法；介绍了砌体工程施工中砌体材料与运输、砌筑用脚手架、砌体施工要点，展现了砌体工程施工的诸多细节；介绍了房屋结构安装工程施工，重点介绍了房屋结构安装工程施工的核心关键——起重机械类型及使用要求，并就不同应用场景，对单层工业厂房结构安装及多层装配式房屋结构安装进行了介绍。在土木工程项目管理方面，首先对土木工程项目进度管理进行了概述，列出了土木工程项目进度控制措施；其次对土木工程项目质量管理进行了概述，在此基础上得出了土木工程项目质量的办法，加深了对土木工程项目质量管理的理解；最后概述了土木工程项目风险管理，内容包括土木工程项目风险管理概述、土木工程项目风险识别、土木工程项目风险估计与评价、土木工程项目风险控制。编者在编写的过程中，借鉴了部分行业内最新研究资料，并结合自己在工程项目上的经历，因此本书具有一定的指导性和操作性。

本书第一部分对土木工程施工重点内容做了详细的阐述，能帮助土木工程从业者准确把握土木工程施工的主要内容，加深对土木工程施工的理解；第二部分对土木工程项目管理做了全面的概述，能够帮助土木工程管理者了解土木工程项目的进度、质量管理、风险管理，降低施工过程中的其他因素成本。本书可为相关从业者开展土木工程施工与项目管理工作提供有价值的参考。

许子敬　王　猛　杨作显

CONTENTS 目 录

第一章　基础工程施工

第一节　浅基础施工

一、常见浅基础的类型

浅基础可按受力特点、构造形式或使用的材料不同分类。

（一）按受力特点分类

刚性基础。指用抗压强度较大，而抗弯、抗拉强度较小的材料建造的基础，如砖、毛石、灰土、混凝土、三合土等基础属于刚性基础。

柔性基础。能承受一定弯曲变形的基础。钢筋混凝土基础一般为柔性基础。柔性基础的抗弯、抗拉、抗压的能力都很强，适用地基土比较软弱、上部结构荷载较大时做基础。

（二）按构造形式分类

单独基础。也称独立基础，多呈柱墩形。有台阶形、锥形等其他形状单独基础是基础的主要形式。

条形基础。是长度远大于其高度和宽度的基础，如墙下基础。

联合基础。当荷载较大、地基较软，所需各单独基础或条形基础面积很大，各个基础非常接近，以致相互之间空隙很小时，可将各单独基础连接起来而形成柱下条形基础或柱下十字交叉基础，甚至形成片筏基础或箱形基础。

（三）按所使用的材料分类

灰土基础。为了节约砖、石材料，常在砖、石下面做一灰土垫层，这种垫层称为灰土基础。

三合土基础。用白灰砂浆与碎砖充分拌和后，均匀铺入基槽内，经分层夯实而成的基础。

砖基础。直接用砖砌筑在地基上的基础，一般做成阶梯形。

毛石基础。用毛石直接砌筑在地基上的基础。

混凝土基础和毛石混凝土基础。用水泥、砂、石加水拌和后浇筑而成的基础称为混凝土基础；为了节约混凝土用量，掺入了占基础体积 25% ~ 30% 的毛石的基础称为毛石混凝土基础。

钢筋混凝土基础。在混凝土内根据计算配置钢筋，成为抗压、抗拉、抗弯强度都很大的柔性基础。

二、浅基础施工

（一）灰土基础施工

灰土基础是用熟石灰与黏性土拌和均匀，然后分层夯实而成的基础。灰与土的体积配合比一般为 2 : 8 或 3 : 7（石灰:土），其 28 d 强度可达 1 MPa。一般适用于在地下水位较低、基槽经常处于较为干燥状态下做基础。

灰土的土料应尽量采用原土，或用有机物含量不大的黏性土，不宜采用表面耕植土。土料过筛后粒径不大于 15 mm。用作灰土的熟石灰应过筛，筛后其粒径不大于 5 mm，并不得夹有未熟化的生石灰块或含有过多的水分。

灰土施工时应适当控制其含水量，以用手紧握土料成团后两指轻捏能碎为宜。灰土应拌和均匀，颜色一致，拌好后应及时铺好夯实。灰土基础施工应分层进行，每层铺灰土厚度为 150 ~ 250 mm，夯实为 100 ~ 150 mm。每层灰土的夯打次数应根据设计要求的干密度在现场经试验确定，一般夯打（或碾压）不少于 4 次。灰土基础若分段施工，不得在墙角、柱墩或承重窗间墙下接缝；上、下相邻两层灰土的接缝间距不得小于 500 mm，接缝处的灰土应充分夯实。当灰土基础高度不同时，应做成阶梯形，每阶宽度不小于 500 mm。施工时，基坑应保持干燥，防止灰土早期浸水。灰土拌和要均匀，温度要适当，含水量过大或过小均不易夯实。

（二）三合土基础施工

三合土基础是指用石灰、砂、碎砖（石）和水拌匀后分层铺设夯实而成的基础。其配合比应按设计规定选用，一般为 1 : 2 : 4 或 1 : 3 : 6（消石灰:砂:碎砖，下文提到的比例如无特殊说明均为体积比）。石灰用未粉化的生石灰块，使用时临时加水化开；砂用中、粗砂；碎砖一般用黏土砖碎块，粒径为 20 ~ 60 mm。施工时先将石灰和砂用水在池内调成浓浆，将碎砖材料倒在拌板上加浆拌透，或将这些材料均倒在拌板上浇水拌匀。虚铺厚度第一层为 220 mm，以后每层均为 200 mm，分别夯至 150 mm，直到达到设计标高为止。最后一次夯打时，宜加浇浓灰浆一层，经 24 h 待表面略干后，再铺上薄层砂或煤屑进行最后的整平夯实。

（三）砖基础施工

砖基础有独立基础和条形基础之分。砖基础用普通黏土砖与水泥砂浆砌成。砖基础多砌成台阶形状（称为"大放脚"），有等高式和不等高式两种砌法。

等高式大放脚是两皮一收，两边各收进 1/4 砖长；不等高式大放脚是两皮一收与一皮一收相间隔，两边各收进 1/4 砖长。为了防止土中水分沿砖块中毛细管上升而侵蚀墙身，应在室内地坪下一皮砖处设置防潮层。防潮层一般采用 1:2（水泥:水）水泥防水砂浆，厚约 20 mm。

一般大放脚都采用一皮顺砖和一皮丁砖砌法，上、下层应错缝，错缝宽度应不小于 60 mm。要注意十字及丁字接头处砖块的搭接，在这些交接处，纵横墙要隔皮砌通。砌筑宜采用"三一"砌砖法，即一铲灰、一皮砖、一挤揉，保证砖基础水平灰缝的砂浆饱满，饱满度应不低于 80%。大放脚的最下一皮和每个台阶的最上一皮应以丁砖为主，这样传力较好，砌筑及回填时，也不易损坏。

砖基础中的灰缝宽度应控制在 10 mm 左右。如基础水平灰缝中配有钢筋，则埋设钢筋的灰缝厚度应比钢筋直径大 4 mm 以上，以保证钢筋上下至少各有 2 mm 厚的砂浆层包裹。有高低台的砖基础，应从低台砌起，并由高台向低台搭接，搭接长度不小于基础大放脚的高度。砖基础中的洞口、管道、沟槽等，应在砌筑时正确留出，宽度超过 500 mm 的洞口，其上方应砌筑平拱或设置过梁。抹防潮层前应将基础墙顶面清扫干净，浇水润湿，随即抹平防水砂浆。

（四）毛石基础施工

毛石基础是用毛石与砂浆砌筑而成的基础。毛石基础的断面可以为阶梯形、梯形等。

毛石基础的顶面宽度应比墙厚宽 200 mm，即每侧宽出 100 mm。台阶的高度一般控制在 300～400 mm，每阶内至少砌两块毛石。每砌完一阶，退台时应注意退台的尺寸要符合设计高宽比。对于阶梯形毛石基础，上一级台阶最外侧的石块应至少压砌下面石块的 1/2。毛石用平毛石和乱毛石，其强度等级不低于 MU20；

砂浆一般采用水泥砂浆。

毛石基础砌筑前，应先检查基槽的尺寸、标高，观察是否有受冻、水泡等异常情况。然后在基底弹出毛石基础底宽边线，在基础转角处、交接处立水准仪。水准仪上应标明石块规格及灰缝厚度，砌阶梯形基础还应标明每一阶台阶的高度。

砌筑时，应先砌转角处及交接处，再依线砌中间部分。毛石基础的第一皮石块，应选用较大的平毛石砌筑、坐浆，并将大面朝下，先砌里、外石，后砌中间石。要分批卧砌，并注意上、下错缝，内外搭砌，不得采用外面侧立石块中间填心的砌筑方法。每层灰缝的厚度宜为 20 ~ 30 mm，砂浆应饱满。石块间较大的空隙应先填塞砂浆，后用石块嵌实，不能先摆碎石、块石后填砂浆，或未填砂浆先塞碎块。

基础外墙转角、横纵墙交接处及基础最上一层，应选用较大的平毛石砌筑。每隔 0.7 m 须砌一块拉结石，上、下两皮拉结石的位置要错开，立面砌成梅花形。毛石基础每天砌筑高度不应超过 1.2 m。毛石基础轴线位置允许偏差 ±20 mm；基础顶面标高允许偏差 ±25 mm。

（五）混凝土和毛石混凝土基础施工

混凝土和毛石混凝土基础的断面可以为阶梯形和锥形两种。

在基础施工前，应先检查基坑底，清除杂物，弹出基础的轴线及边线，并按设计尺寸支设模板。模板要撑牢，以免浇筑混凝土时发生变形。浇筑时，应先铺一层 100 ~ 150 mm 厚的混凝土打底，再铺毛石。毛石铺放应均匀排列，使大头向下，小头向上，且毛石的纹理应与受力方向垂直。毛石间距一般不小于 100 mm，毛石与模板或槽壁距离不应小于 150 mm，以保证每块毛石均被混凝土包裹。

毛石铺放后，继续浇筑混凝土，每层厚 200 ~ 500 mm，用振捣棒进行振捣。振捣时应避免触及毛石和模板。如此逐层铺放毛石及浇筑混凝土，直至基础顶面。保持毛石顶面有不少于 100 mm 厚的混凝土覆盖层，所掺用的毛石数量不应超过基础体积的 25%。

对于阶梯形基础，每一阶高内不再划分浇筑层，每阶顶面要基本抹平。对于锥形基础，应注意保持锥面坡度的正确与平整。对于独立毛石混凝土基础，要一次性连续浇筑完毕。对于条形毛石混凝土基础，如不能一次性连续浇筑完，应在混凝土与毛石交接处，毛石露出混凝土面 1/2 处留设施工缝。继续浇筑时，应将施工缝处清洗干净，铺上一层与混凝土成分相同的水泥砂浆，再继续浇筑混凝土及铺设毛石。施工缝不宜留设在基础转角，内外墙基础交接处或受力较大的部位。

混凝土浇筑完毕，待混凝土终凝后，应用草帘等覆盖，并定时浇水养护。在正常温度下养护 7 d 后，除去覆盖，并用土回填。

（六）钢筋混凝土独立基础施工

钢筋混凝土独立基础按其构造形式，可分为现浇柱基础和预制柱杯口基础。现浇柱基础可分为现浇柱锥形基础和现浇柱阶梯形基础；预制柱杯口基础又可分为单肢柱和双肢柱杯口基础、低杯口和高杯口基础、刚接和铰接杯口基础。

1. 现浇柱基础施工

在混凝土浇筑前应先进行验槽，轴线、基坑尺寸和土质应符合设计规定。坑内浮土、积水、淤泥、杂物应清除干净，局部软弱土层应挖去，用灰土或砂砾回填并夯实至与基底相平。在基坑验槽后应立即浇筑垫层混凝土，以保护地基。混凝土宜用表面振动器进行振捣，要求表面平整。当垫层达到一定强度后，在其上弹线、支模，铺放钢筋网片，底部用与混凝土保护层同厚度的水泥砂浆块垫塞，以保证钢筋位置正确。

在基础混凝土浇筑前，应将模板和钢筋上的杂物清除干净；应堵严模板的缝隙和孔洞；木模板表面要浇水润湿，但不得积水。对于锥形基础，应注意锥体斜面坡度的正确，斜面部分的模板应随混凝土浇筑分段支设并顶压紧，以防模板上浮变形，边角处的混凝土必须捣实。严禁斜面部分不支模。

基础混凝土宜分层浇筑。对于阶梯形基础，分层厚度为一个台阶高度，每浇完一台阶应停 0.5～1.0 h，使混凝土初步沉实，然后再浇筑上层。每一台阶浇完后应做到表面基本抹平。基础上有插筋时，应将插筋按设计位置固定，以防浇筑混凝土时产生位移。基础混凝土浇筑完，应用草帘等覆盖并浇水加以养护。

2. 预制柱杯口基础施工

预制柱杯口基础的施工应注意：①杯口模板可采用木模板或钢定型模板，可为整体的，也可分为两半，中间各加楔形板一块；拆模时先取出楔形板，然后分别将两半杯口模取出。为拆模方便，杯口模外可包一层薄铁皮；支模时杯口模板要固定牢固并压紧。②按台阶分层浇筑混凝土时，由于杯口模板仅在上端固定，浇筑混凝土时，应四周对称均匀进行，避免将杯口模板挤向一侧。③杯口基础一般在杯底均留有 50 mm 厚的细石混凝土找平层，在浇筑基础混凝土时要仔细留出。基础浇筑完，在混凝土初凝后、终凝前用倒链将杯口模板取出，并将杯口内侧表面混凝土凿毛。④在浇筑高杯口基础混凝土时，如果其最上一阶台阶较高，不便施工，可采用后安装杯口模板的方法施工。即当混凝土浇捣接近杯口底时再安装杯口模板，然后浇筑杯口混凝土。

（七）钢筋混凝土条形基础施工

在混凝土浇筑前应先验槽，基坑尺寸应符合设计要求，应挖去局部软弱土层，用灰土或砂砾回填夯实至与基底相平。在地基或基土上浇筑混凝土时，应先清除淤泥和杂物，并应有防水措施。对干燥的黏性土，应用水润湿；对未风化的岩石，应用水清洗，但其表面不得留有积水。

垫层混凝土在验槽后应立即浇筑，以保护地基。当垫层素混凝土达到一定强度后，在其上弹线、支模，铺放钢筋。钢筋上的泥土、油污，模板内的垃圾、杂物应清除干净。木模板应浇水湿润，缝隙应堵严，基坑积水应排干。

混凝土宜分段分层灌筑，各段各层间应互相连接，每段长 2～3 m，使逐段逐层呈阶梯形推进，并注意先使混凝土充满模板边角，然后浇筑中间部分混凝土。混凝土应连续浇筑，以保证结构有良好的整体性，如必须间歇，间歇时间不应超过规定时间。如时间超过规定，应设置施工缝，并应待混凝土的抗压强度不小于 1.2 N/mm² 后，才允许继续灌筑，以免已浇筑的混凝土结构因振动而受到破坏。继续浇筑混凝土前，应进行施工缝处理，即清除接槎处混凝土表面的水泥薄膜（约 1 mm）和松动石子或软弱混凝土，并用水冲洗干净，充分润湿，且不得积水，然后铺 15～25 mm 厚与混凝土成分相同的水泥砂浆，或先浇筑一层半石子混凝土，或在立面涂刷 1 mm 厚水泥浆，再正式继续浇筑混凝土，并仔细捣实，使其紧密结合。

（八）片筏式钢筋混凝土基础施工

片筏式钢筋混凝土基础（简称片筏基础）由底板、梁等整体组成。片筏基础在外形和构造上都像倒置的钢筋混凝土楼盖，可分为梁板式和平板式两种。

片筏基础浇筑前，应清扫基坑、支设模板、铺设钢筋。木模板要浇水湿润，钢模板面要涂隔离剂。

混凝土浇筑方向应平行于次梁长度方向，对于平板式片筏基础则应平行于基础长边方向。混凝土应一次浇筑完成，若不能整体浇筑完成，则应留设垂直施工缝，并用木板挡住。施工缝留设位置：当平行于次梁长度方向浇筑时，应留在次梁中部 1/3 跨度范围内；对平板式可留设在任何位置，但施工缝应平行于底板短边且不应在柱脚范围内。梁高出底板部分应分层浇筑，每层浇筑厚度不宜超过 200 mm。

当底板上或梁上有立柱时，混凝土应浇筑到柱脚顶面，留设水平施工缝，并预埋连接立柱的插筋。继续浇筑混凝土前，应对施工缝进行处理，水平施工缝与垂直施工缝的处理相同。

混凝土浇筑完毕，在基础表面应覆盖草帘，浇水养护，应不少于 7 d。待混凝土强度达到设计强度的 25% 以上时，即可拆除梁的侧模。当混凝土基础达到设计强度的 30% 时，应进行基坑回填。基坑回填应在四周同时进行，并沿基底排水方向由高到低分层进行。

（九）箱形钢筋混凝土基础施工

箱形钢筋混凝土基础（简称箱型基础）主要是由钢筋混凝土底板、顶板、侧墙及一定数量纵横墙构成的封闭箱体。箱形基础施工中，首先应进行基坑开挖。基坑开挖前应先验算边坡稳定性，并分析开挖时对基坑邻近建筑物的影响。验算时，应考虑坡顶堆载、地表积水、邻近建筑物影响等因素，必要时要采取支护。

当开挖后有地下水时，应采用明沟排水或井点降水等方法，保持作业现场的干燥。当地下水量大、水位很高，且基坑土质为粉土、粉砂或细砂时，采用明沟排水易造成边坡坍塌、基坑周围地面下沉等严重后果，此时宜采用井点降水。

箱形基础的基底直接承受建筑物的全部荷载，必须是土质良好的持力层。因此，要保护好地基土的原始结构，尽可能不要扰动。采用机械挖土时，应根据土的软硬程度，在基坑底面设计标高以上保留 200～400 mm 厚的土层，采用人工挖除。基坑不得长期暴露，更不得积水。在基坑验槽后，应立即进行基础施工。

箱形基础的底板、顶板及内外墙的支模和浇筑，可采用内外墙和顶板分次支模浇筑方法施工。外墙接缝应设榫接或设止水带。箱形基础的底板、顶板及内外墙宜连续浇筑。对于大型箱形基础工程，当基础长度超过 40 m 时，宜设置一道不小于 700 mm 的后浇带，以防因温度变化产生裂缝。

箱形基础的混凝土浇筑属于大体积钢筋混凝土施工。混凝土体积大，浇筑时积聚在内部的水泥水化热不易散发，混凝土内部的温度将显著上升，产生较大的温度变化和收缩作用，导致混凝土产生表面裂缝、贯穿性或伸缩裂缝，影响结构的整体性、耐久性和防水性，并会影响正常使用。对大体积混凝土，在施工前要经过一定的理论计算，采取有效的措施，以防止温度变化对结构的破坏。

第二节 桩基础施工

桩是一种具有一定刚度和抗弯能力的传力杆件，它将建筑物的荷载（竖向的和水平的）全部或部分传递给地基土（或岩层）。桩基础是由设置于岩土中的桩和承台共同组成的或由柱与桩直接联结的基础，是广义深基础的一种主要形式。桩基础具有承载能力大、抗震性能好、沉降量小等特点。桩基础的使用可以在施工中减少大量土方支撑和排水降水设施，施工方便，一般能获得较好的技术经济效果，目前已被广泛应用于高层建筑基础和软弱地基中的多层建筑基础。

一、分类依据

（一）按桩的承载特性分类

摩擦桩。指桩端没有良好持力层的纯摩擦桩，在极限承载力状态下，桩顶荷载由桩侧阻力承受。

端承摩擦桩。指桩端具有比较好的持力层，有一些端阻力，但在极限承载力状态下，桩顶荷载主要由桩侧阻力承受。

端承桩。指桩端有非常坚硬的持力层，在极限承载力状态下，桩顶荷载由桩端阻力承受。

摩擦端承桩。在极限承载力状态下，桩端荷载主要由桩端阻力承受。

（二）按桩的使用功能分类

竖向抗压桩。由桩端阻力和桩侧摩阻力共同承受竖向荷载，工作时的桩身强度需验算轴心抗压强度。

竖向抗拔桩。当建筑物有抗浮要求，或在水平荷载作用下基础的一侧会出现拉力时，需验算桩的抗拔力。承受上拔力的桩，其桩侧摩阻力的方向相反，单位面积的摩阻力小于竖向抗压桩，钢筋通长应配置以抵抗上拔力。

水平受荷桩。承受水平荷载为主的建筑物桩基础，或用于防止土体或岩体滑动的抗滑桩，其作用主要是抵抗水平力。

复合受荷桩。指同时承受竖向荷载和水平荷载作用的桩基础。

（三）按成桩对环境的影响分类

挤土桩。指打入或压入土中的实体预制桩、闭口管桩（钢管桩或预应力管桩）和沉管灌注桩。这类桩在沉桩过程中，或沉入钢套管的过程中，周围土体受到桩体的挤压作用，土中超孔隙水压力增长，土体发生隆起，对周围环境造成严重损害。

部分挤土桩。指预钻孔打入式预制桩或打入式敞口桩。打入敞口桩管时，土可以进入桩管形成土塞，从而减少挤土的作用，但在土塞的长度不再增加时，也会产生挤土的作用。打入实体桩时，为了减少挤土作用，可以采取预钻孔的措施，将部分土体取走，此时也属于部分挤土桩。

非挤土桩。指采用干作业法、泥浆护壁法或套管护壁法的钻（冲）孔或挖孔桩。非挤土桩在成孔与成桩的过程中对周围的桩间土没有挤压的作用，不会引起土体中超孔隙水压力的增长，因而桩的施工不会危及周围相邻建筑物的安全。

（四）按桩的施工方法分类

预制桩是在工厂或施工现场制成的各种材料和类型的桩（如木桩、钢筋混凝土方桩、预应力钢筋混凝土管桩、钢管或型钢的钢桩等）。预制后用沉桩设备将桩打入、压入、旋入或振入土中。

灌注桩是在施工现场的桩位上用机械或人工成孔，然后在孔内灌注混凝土或钢筋混凝土而成。根据成孔方法的不同分为钻孔灌注桩、挖孔灌注桩、冲孔灌注桩、沉管灌注桩和爆扩桩。

二、钢筋混凝土预制桩锤击法施工

预制桩包括钢筋混凝土预制桩（含预应力混凝土预制桩）、钢管预制桩等，其中以钢筋混凝土预制桩应用较多。下面以钢筋混凝土预制桩为例介绍桩的施工工艺。

钢筋混凝土预制桩常用的截面形式有混凝土方形实心截面、圆柱体空心截面和预应力混凝土管形截面。为了便于预制，实心桩一般做成方形断面，断面尺寸一般为 200 mm × 200 mm 至 500 mm × 500 mm。单根桩的最大长度根据打桩架的高度而定，目前一般在 27 m 以内。如需打设 30 m 以上的桩，则将桩预制成几段，在打桩过程中逐段接长。预应力混凝土管桩是采用先张法预应力、掺加高效减水剂、高速离心蒸汽养护工艺的空心管桩，包括预应力混凝土管桩（PC）、预应力混凝土薄壁管桩（PTC）、预应力高强混凝土管桩（PHC）三大类，外径为 300 ~ 1 000 mm，每节长度为 4 ~ 12 m，管壁厚为 60 ~ 130 mm，与实心桩相比，其自重大大减轻。

预制桩施工包括预制、起吊、运输、堆放、沉桩等过程，还应根据工艺条件、土质情况、荷载特点等综合考虑，以便拟定合适可行的施工方法和技术组织措施。

（一）桩的预制、起吊、运输和堆放

较短的钢筋混凝土预制桩一般在预制厂制作，较长的一般在施工现场预制。制作预制桩的方法有并列法、间隔法、重叠法、翻模法等。现场预制桩多用重叠法制作，重叠层数不宜超过 4 层，层与层之间应涂刷隔离剂，上层桩或邻近桩的灌筑，应在下层桩或邻桩混凝土达到设计强度等级的 30% 以后方可进行。

钢筋混凝土桩的预制程序是：施工准备（包括现场准备）、支模、绑扎钢筋骨架、安装吊环、浇筑混凝土、养护至桩的混凝土强度达到设计强度标准值的 30% 后拆模、桩的混凝土强度达到设计强度标准值的 100% 后运输、堆放。

钢筋混凝土预制桩的钢筋骨架的主筋连接宜采用钢筋对焊，且几根主筋接头位置应相互错开。桩尖一般用钢板制作，在绑扎钢筋骨架时就把钢板桩尖焊好。钢筋骨架的偏差应符合有关规定。

预制桩的混凝土宜用机械搅拌、机械振捣。混凝土强度等级应不低于 C30，粗骨料用 5 ~ 40 mm 碎石或卵石，用机械拌制混凝土，坍落度不大于 60 mm，混凝土浇筑应由桩顶向桩尖方向连续浇筑，不得中断，并用振捣器仔细捣实，以防止另一端的砂浆积聚过多。接桩的接头处要平整，使上下桩能互相贴合对准。浇筑完毕应护盖洒水养护不少于 7 d，如用蒸汽养护，在蒸养后，还应适当进行自然养护，达到设计强度等级后方可使用。制桩时，应按规定要求做好灌筑日期、混凝土强度等级、外观检查、质量鉴定的记录，以供验收时查用。

当桩的混凝土强度达到设计强度的 70% 后方可起吊，达到 100% 后方可运输和打桩。吊点应设在设计规定的位置，如无吊环且设计又无规定时，应按照起吊弯矩最小的原则确定绑扎位置。如提前起吊，必须做强度和抗裂度验算。桩在起吊和搬运时，必须平稳，不得损坏。

打桩前桩应运到现场或桩架处，宜随打随运，以避免二次搬运。桩运输时的强度应达到设计强度标准值的 100%。长桩运输可采用平板拖车、平台挂车或汽车后挂小炮车运输；短桩运输可采用载重汽车；现场运距较近时，可采用轻轨平板车运输。装载时，桩支承应按设计吊钩位置或接近设计吊钩位置叠放平稳并垫实，支撑或绑扎牢固，以防运输中晃动或滑动；长桩采用挂车或炮车运输时，桩不宜设活动支座，行车应平稳，掌握好行驶速度，防止任何碰撞和冲击。严禁在现场以直接拖拉桩体方式代替装车运输。

桩堆放时，地面必须平整、坚实，垫木间距应与吊点位置相同，各层垫木应位于同一垂直线上，堆放层数不宜超过 4 层。不同规格的桩应分别堆放。运到打桩位置堆放时，应布置在打桩架附设的起重钩工作半径范围内，并考虑起重方向，避免空中转向。

（二）打桩设备

打桩设备包括桩锤、桩架和动力装置。

1. 桩锤

桩锤是对桩施加冲击力，将桩打入土中的主要机具。桩锤主要有落锤、汽锤、柴油锤、液压锤等，目前应用最多的为柴油锤。

落锤为一铸铁块，质量为 0.5 ~ 2.0 t，构造简单，使用方便，能调整落距，但锤击速度慢，贯入能力低，效率不高且对桩的损伤较大。

汽锤利用蒸汽或压缩空气为动力进行锤击。根据其工作情况可分为单动汽锤与双动汽锤。单动汽锤质量为 1 ~ 15 t，当蒸汽或压缩空气进入汽缸内活塞上部空间时，活塞杆不动，迫使汽缸上升，单动汽锤达到一定高度，停止供气同时排出缸内气体，使汽缸下落击桩。这种桩锤落距短，打桩速度及冲击力大，效率较高，适于打各种类型的桩。双动汽锤质量为 1 ~ 7 t。锤固定在桩头上不动，当气体从活塞上、下交替进入和排出汽缸时，迫使活塞杆往复上升和压下，带动冲击部分进行打桩工作。这种桩锤冲击次数多，冲击力大，效率高，不仅适用于一般打桩工程，还可用于打斜桩，水下打桩和拔桩。

柴油锤按其构造可分为筒式、活塞式和导杆式，质量为 0.3 ~ 10 t。柴油锤利用燃油爆炸推动活塞往复运动进行锤击打桩。汽缸落下击桩，同时汽缸中空气压缩，温度骤增，喷嘴喷油，柴油在汽缸内自行燃烧爆发，使汽缸上抛，落下时又击桩并进入下一循环。柴油锤本身附有桩架、动力等设备，不需外部能源，机架轻便，打桩迅速，常用以打设木桩、钢板桩和长度小于 12 m 的钢筋混凝土桩。但柴油锤不适用于在硬土和松软土中打桩，并且由于其噪声大、有振动、污染空气等缺点，在城市施工中受到一定的限制。

液压锤的冲击缸体通过液压油提升与降落，冲击缸体下部充满氮气。当冲击缸体下落时，首先是冲击头对桩施加压力，接着是压缩的氮气对桩施加压力，使冲击缸体对桩施加压力的过程延长，因此，每一击都能获得更大的贯入度。液压锤不排出任何废气，无噪声，冲击频率高，并适合水下打桩，是理想的冲击式打桩设备，但构造复杂，造价较高。

锤击法沉桩的关键是选择桩锤。桩锤的类型应根据施工现场情况、机具设备条件以及工作方式和工作效率等条件来选择，然后再决定锤的质量。要求锤的质量应有足够的冲击能，锤的质量应大于或等于桩的质量。实践证明，当锤的质量为桩的质量的 1.5～2 倍时，能取得良好的效果，但锤的质量也不能过大，过大易将桩打坏；当桩的质量大于 2 t 时，可采用比桩轻的桩锤，但不能小于桩的质量的75%。这是因为在施工中宜采用"重锤低击"，即锤的质量大而落距小，这样，桩锤不易产生回跃，不致损坏桩头，且桩易打入土中，效率高；反之，若"轻锤高击"，则桩锤易产生回跃，易损坏桩头，桩难以打入土中，不仅拖延工期，更影响桩基的质量。

2. 桩架

桩架用于支持桩身和桩锤，在打桩的过程中引导桩的方向使桩不至于偏移。桩架的形式很多，常用的有多功能桩架和履带式桩架两种。多功能桩架由立柱、斜撑、回转工作台、底盘和传动机构组成。多功能桩架机动性大，适应性强，在水平方向可进行 360° 回转，立柱可前后倾斜，可适应各种预制桩及灌注桩施工；缺点是机构庞大，组装拆迁较麻烦。履带式桩架以履带式起重机为底盘，增加立柱与斜撑用以打桩。这种桩架性能灵活，移动方便，适合各种预制桩及灌注桩施工。

3. 动力装置

动力装置取决于所选的桩锤。落锤以电源为动力，需配置电动卷扬机、变压器、电缆等；蒸汽锤以高压饱和蒸汽为驱动力，需配置蒸汽锅炉、蒸汽绞盘等；气锤以压缩空气为动力源，需配置空气压缩机、内燃机等；柴油锤以柴油为能源，桩锤本身有燃烧室，不需要外部动力设备。

（三）打桩施工

打桩前应做好各项准备工作；清除妨碍施工的地上和地下的障碍物；编制相应的施工组织设计；做好打桩施工的技术准备；平整施工场地；定位放线；检查桩的质量；设置供电、供水系统；安设打桩机；当打桩场地建筑物（或构筑物）有防震要求时，应采取必要的防护措施。桩基轴线的定位点应设置在不受打桩影响处，打桩地区附近需设置不少于 2 个水准点。在施工过程中可据此检查桩位的偏差以及桩的入土深度。

打桩时应注意下列问题。

1. 打桩顺序

打桩顺序一般有：逐排打、自中间向两个方向对称打和自中间向四周打三种。

打桩顺序直接影响打桩速度和桩基质量，应结合地基土壤的挤压情况、桩距的大小、桩机的性能、工程特点及工期要求等，经综合考虑后予以确定，以确保桩基质量，减少桩机的移动和转向，加快打桩速度。逐排打：桩机系单向移动，桩的就位与起吊均很方便，故打桩效率高，但会使土壤向一个方向挤压，土壤挤压不均匀，易引起建筑物的不均匀沉降。试验证明：若桩距大于或等于 4 倍桩的直径或边长时，土壤的挤压与打桩顺序关系不大，这时，采取逐排打仍可保证桩基质量。对于大面积桩群，则宜采用自中间向两个方向对称打或自中间向四周打，这样均有利于避免因土壤的挤压而使桩产生倾斜或浮桩现象。

2. 打桩方法

按预定的打桩顺序，将桩架移动至桩位处并用缆风绳稳定，然后将卷扬机移至桩架下，利用桩架上的滑轮组，由卷扬机将桩提升为直立状态。在桩的自重和锤重的压力下，桩便会沉入土中一定深度，待桩下沉达到稳定状态，桩位和垂直度经全面检查和校正符合要求后，即可开始打桩。打桩机就位后，将桩锤和桩帽吊起，然后吊桩并送至导杆内，垂直对准桩位后缓缓送下插入土中，垂直度偏差不得超过 0.5%，然后固定桩帽和桩锤，使桩、桩帽、桩锤在同一垂线上，确保桩能垂直下沉。在桩锤和桩帽之间应加弹性衬垫，桩帽与桩顶周围应有 5～10 mm 间隙，以防损伤桩顶。

开始打桩时，锤的落距应较小，待桩入土一定深度（约 2 m）并稳定后，再按要求落距锤击，用落锤或单动汽锤打桩时，最大落距不宜大于 1 m；用柴油锤打桩时应使锤跳动正常。

多节桩的接桩，可用焊接、法兰或硫黄胶泥锚接，前两种接桩方法适用于各类土层，后者只适用于软弱土层。各类接桩均要严格按规范执行。打桩过程中，应做好沉桩记录，以便工程验收。

打桩过程中，若遇贯入度剧变，桩身突然发生倾斜，或位移有严重回弹，桩顶或桩身出现严重裂缝或破碎等异常现象时，应暂停打桩，及时研究处理。

3. 打桩的质量控制

打桩的质量视打入后的偏差是否在允许范围内，最后贯入度与沉桩标高是否满足设计要求，桩顶、桩身是否打坏，以及对周围环境有无造成严重危害而定。桩的垂直偏差应控制在 1% 之内；平面位置的偏差，单排桩不大于 100 mm，多排桩一般为 1/2 ~ 1 个桩的直径或边长。

承受轴向荷载的摩擦桩的入土深度控制应以标高为主，以最后贯入度（施工中一般采用最后三阵，每阵十击的平均入土深度作为标准）作为参考；端承桩的入土深度应以最后贯入度控制为主，以标高作为参考。设计与施工中的控制贯入度应以合格的试桩数据为准。最后贯入度的测量应在下列正常条件下进行：桩顶没有破坏、锤击没有偏心、锤的落距符合规定、桩帽和弹性垫层正常。

如果沉桩尚未达到设计标高，而贯入度突然变小，则可能是土层中夹有硬土层，或遇到孤石等障碍物，此时切勿盲目施打，应会同设计勘探部门共同研究解决。此外，若打桩过程中断，土的固结作用会使桩难以打入，因此，应保证施打连续进行。打桩时，桩顶过分破碎或桩身严重裂缝应立即暂停打桩，在采取相应的技术措施后，方可继续施打。打桩时，除了注意桩顶与桩身由于桩锤冲击被破坏外，还应注意桩身受锤击应力而导致的水平裂缝。在软土中打桩，桩顶以下 1/3 桩长范围内常会因反射的应力波使桩身受拉而引起水平裂缝。开裂往往出现在吊点和蜂窝处，因为这些地方容易形成应力集中。采用重锤低击和较软的桩垫可减少锤击拉应力。

打桩时，引起桩区及附近地区的土体隆起和水平位移虽然不属单桩本身的问题，但邻桩相互挤压可能导致桩位偏移、产生浮桩现象，会影响整个工程质量。若已产生浮桩现象，则必须采取有效的措施对浮桩纠正处理后再进行静荷载试验。在已有建筑群中施工，打桩还会引起已有地下管线、地面交通道路和建筑物的损坏并造成危险。因此，在邻近建筑物（构筑物）打桩时，应采取适当措施。常见措施如下：①预钻孔沉桩，孔径比桩径（或方桩对角线）小 50 ~ 100 mm，深度视桩距和土的密实度、渗透性而定，深度宜为桩长的 1/3 ~ 1/2，施工时应随钻随打。②桩架宜具备钻孔锤击双重性能。③设置袋装砂井或塑料排水板，以消除部分超孔隙水压力，减少挤土现象。袋装砂井直径一般为 70 ~ 80 mm，间距为 1 ~ 1.5 m，深度为 10 ~ 12 m；塑料排水板的深度、间距与袋装砂井相同。④设置隔离板桩或地下连续墙。⑤开挖地面防震沟可消除部分地面震动，可与其他措施结合使用，沟宽为 0.5 ~ 0.8 m，深度按土质情况以边坡能自立为准。⑥限制打桩速率。⑦沉桩过程中应加强邻近建筑物、地下管线等的观测、监护。

三、静力压桩、振动沉桩、射水沉桩

（一）静力压桩

静力压桩是利用无振动、无噪声的静压力将桩压入土中，用于软弱土层和严防振动的情况。该法为液压操作，自动化程度高；行进方便，运转灵活，桩位定点精确，可提高桩基施工质量；施工无噪声、无振动、无污染，沉桩采用全液压夹持桩身向下施加压力，可避免打碎桩头，混凝土强度等级可降低 1 ~ 2 级，与锤击法相比可节省 40% 左右的钢筋；施工速度快，与锤击法相比可缩短 1/3 工期。

静力压桩适用于软土、填土及一般黏性土层，特别适合在住宅多、危房附近环境保护要求严格的地区沉桩，但不宜用于地下有较多孤石、障碍物或有 2 m 以上硬隔离层的情况，以及单桩竖向承载力超过 1 600 kN 的情况。静力压桩是利用桩架的自重和压重，通过滑轮组或液压将桩压入土中。压桩一般是分节压入，逐段接长，为此桩需分节预制。当第一节桩压入土中，其上端距地面 2 m 左右时，将第二节桩接上，再继续压入。压同一根桩应连续施工，以防因停压后再压阻力增大而压不下去。

静力压桩的施工顺序为：了解施工现场情况→编制施工方案→桩堆场地平整→制桩→压桩→检测压桩对周围土体的影响→测定桩位位移情况→验收。

（二）振动沉桩

振动沉桩是利用振动桩锤沉桩，将桩与振动桩锤连接在一起，振动桩锤产生的振动力通过桩身振动土体，土体的内摩擦角减小、强度降低而将桩沉入土中。

振动沉桩法主要适用于砂石、黄土、软土和粉质黏性土，在含水砂层中的效果更为显著，但在砂砾层中采用此法时，还需配以水冲法。沉桩工作应连续进行。

（三）射水沉桩

射水沉桩是锤击沉桩的一种辅助方法，其利用高压水流经过桩侧面或空心桩内部的射水管冲击桩尖附近土层，便于锤击。一般是边冲水边打桩，应在沉桩至最后 1 ~ 2 m 时停止冲水，用锤击至规定标高。此法适用于砂土和碎石土，对于一些特长的预制桩，单靠锤击有困难时，也用此法辅助。

第二章　砌体工程施工

砌体工程是指用砂浆将黏土砖、硅酸盐类砖、石及其他各种类型砌块胶结成整体的工程。砖石建筑在我国具有悠久的历史，由于其取材方便、造价低廉、施工简单，目前在建筑工程中仍占据相当重要的地位，但施工是以手工操作为主，劳动强度大、生产效率低、施工质量不易控制，尤其是黏土砖消耗土地资源较多；因而目前在砌体工程施工中提倡采用新型墙体材料代替黏土砖。

砌体工程是一个综合的施工过程，包括材料准备、运输、搭设脚手架、砌体砌筑等内容。在混合结构主体工程施工中，砌体工程作为主导工程，其施工进程直接影响建筑工程的施工工期。在实际施工中，砌体工程还与预制构件安装、局部现浇钢筋混凝土等穿插进行。

第一节　砌体材料与运输

一、砌筑用砖

（一）砌筑用砖的种类

砖是各种烧结砖和工业废料砖的统称。砌筑用砖按砖面孔洞率分为普通砖、多孔砖和空心砖。普通砖是指孔洞率不大于25%或没有孔洞的砖，标准尺寸是240 mm×115 mm×53 mm；多孔砖是指孔洞率大于25%但不大于40%的砖；空心砖是指孔洞率大于40%的砖。砌筑用砖按生产工艺又分为烧结砖和蒸压砖两类。

（二）砌筑用砖的等级划分

1. 烧结普通砖

烧结普通砖是以黏土、页岩、煤矸石、粉煤灰为主要原料，经焙烧而成的普通砖，外形为长方体，公称尺寸为 240 mm × 115 m × 53 mm。

烧结普通砖按主要原料分为黏土砖（N）、页岩砖（Y）、煤矸石砖（M）和粉煤灰砖（F），按抗压强度分为 MU30、MU25、MU20、MU15 和 MU10 五级，按尺寸偏差、外观、吸水率分为优等品（A）、一等品（B）和合格品（C）三个质量等级。

2. 蒸压灰砂砖

蒸压灰砂砖是以石灰和砂为主要原料，允许掺入颜料和外加剂，经坯料制备、压制成型、蒸压养护而成的实心灰砂砖，外形为长方体，公称尺寸为 240 mm × 115 mm × 53 mm。

蒸压灰砂砖按颜色分为彩色灰砂砖（Co）和本色灰砂砖（N），按抗压强度和抗折强度分为 MU25、MU20、MU15 和 MU10 四级，按尺寸偏差和外观、强度和抗冻性分为优等品（A）、一等品（B）和合格品（C）三个质量等级。

3. 烧结多孔砖

烧结多孔砖是以黏土、页岩、煤矸石、粉煤灰、淤泥（江河湖淤泥）及其他固体废弃物等为主要原料经焙烧而成的，主要用于建筑物承重部位的多孔砖。

烧结多孔砖按主要原料分为黏土砖（N）、页岩砖（Y）、煤矸石砖（M）、粉煤灰砖（F）、淤泥砖（U）和固体废弃物砖（G），按抗压强度分为 MU30、MU25、MU20、MU15、MU10 五个等级，按密度分为 1000 级、1100 级、1200 级、1300 级四个等级。

4. 烧结空心砖

烧结空心砖是以黏土、页岩、煤矸石、粉煤灰等为主要原料，经焙烧而成的主要用于建筑物非承重部位的空心砖。

烧结空心砖按主要原料分为黏土砖（N）、页岩砖（Y）、煤矸石砖（M）和粉煤灰砖（F），按抗压强度分为 MU2.5、MU3.5、MU5.0、MU7.5 和 MU10 五级，按密度分为 800 级、900 级、1000 级、1100 级四个等级，根据尺寸偏差、外观质量、孔洞及其结构、泛霜、石灰爆裂、吸水率分为优等品（A）、一等品（B）和合格品（C）三个质量等级。

二、砌块

（一）砌块的分类

砌块按主要用途分为承重砌块和非承重砌块；按孔洞设置分为实心砌块（空

心率小于 25%）和空心砌块（空心率大于等于 25%）；按尺寸规格分为大型砌块（主规格的高度大于 980 mm）、中型砌块（主规格的高度为 380～980 mm）和小型砌块（主规格的高度为 115～380 mm）；按砌块在组砌中的位置与作用分为主砌块和各种辅助砌块；按材料分为普通混凝土小型空心砌块、装饰混凝土小型空心砌块、轻集料混凝土小型空心砌块、粉煤灰小型空心砌块、蒸汽加气混凝土砌块、免蒸加气混凝土砌块（又称环保轻质混凝土砌块）和石膏砌块。

（二）砌块的规格尺寸、强度与等级

1. 普通混凝土小型空心砌块

普通混凝土小型空心砌块是以碎石或卵碎石为粗骨料制成的，标准尺寸为 390 mm×190 mm×190 mm。按强度分为 MU3.5、MU5.0、MU7.5、MU10.0、MU15.0 和 MU20.0 六个等级，按尺寸偏差、外观质量分为优等品（A）、一等品（B）和合格品（C）。普通混凝土小型空心砌块的最小外壁厚度应不小于 30 mm，最小肋厚应不小于 25 mm，空心率应不小于 25%。

2. 轻集料混凝土小型空心砌块

轻集料混凝土小型空心砌块是以浮石、火山渣、煤渣、自然煤矸石、陶粒等为粗骨料制成的，标准尺寸为 390 mm×190 mm×190 mm，简称轻骨料小砌块。按砌块孔的排数分为实心（0）、单排孔（1）、双排孔（2）、三排孔（3）和四排孔（4）五类，按密度分为 500 级、600 级、700 级、800 级、900 级、1000 级、1200 级和 1 400 级八个等级，按强度分为 MU1.5、MU2.5、MU3.5、MU5.0、MU7.5 和 MU10.0 六级，按尺寸允许偏差和外观分为一等品（B）和合格品（C）两个等级。

3. 粉煤灰砌块

粉煤灰砌块是以粉煤灰、石灰、石膏和骨料等为主要原料，加水搅拌、振动成型、蒸汽养护而制成的密实砌块。粉煤灰砌块的外形尺寸有 880 mm×380 mm×24 mm 和 880 mm×430 mm×240 mm 两种，按立方体抗压强度分为 MU10 和 MU13 两个强度等级，按外观、尺寸偏差和干缩性能分为一等品（B）和合格品（C）两个等级。

4. 蒸压加气混凝土砌块

加气混凝土砌块是以水泥、石灰、矿渣、砂等为主要原料，加入发气剂，经搅拌成型、蒸压养护而成的实心砌块。主要的规格尺寸有长 600 mm，宽 100 mm、

120 mm、125 mm、150 mm、180 mm、200 mm、240 mm、250 mm、300 mm，高200 mm、240 mm、250 mm、300 mm。按强度分为 A1、A2、A2.5、A3.5、A5、A7.5 和 A10 七个强度等级，按干密度分为 B03、B04、B05、B06、B07 和 B08 六级，按尺寸偏差与外观、干密度、抗压强度和抗冻性分为优等品（A）和合格品（B）两个等级。

5. 中型空心砌块

中型空心砌块是以水泥或煤矸石为熟料水泥配制一定量骨料制成的，主要的规格尺寸有长度 500 mm、600 mm、800 mm、1 000 mm，宽度 200 mm、400 mm，高度 400 mm、800 mm、900 mm。

中型空心砌块分为水泥混凝土中型空心砌块和煤矸石硅酸盐中型空心砌块。水泥混凝土中型空心砌块按抗压强度分为 MU3.5、MU5.0、MU7.5、MU10 和 MU15 五级。

三、砌筑用石

砌筑用石材应质地坚实，无风化剥落和裂纹。用于清水墙、柱表面的石材，应色泽均匀。

（一）毛石

毛石是不成形的石料，处于开采后的自然状态，是岩石经爆破后所得的形状不规则的石块，分为乱毛石和平毛石。乱毛石是指形状不规则的石块；平毛石是指形状不规则，但有两个面大致平行的石块。

毛石的强度等级以边长为 70 mm 的正方体试块的抗压强度表示（取 3 个试块的平均值），分为 MU100、MU80、MU60、MU50、MU40、MU30 和 MU20 七级。

（二）料石

料石按加工面的平整度分为细料石、半细料石、粗料石和毛料石。细料石经过细加工，外形规则，叠砌面凹入深度不应大于 10 mm，截面的宽度、高度不应小于 200 mm，且不应小于长度的 1/4。半细料石叠砌面凹入深度不应大于 15 mm，其他指标同细料石。粗料石叠砌面凹入深度不大于 20 mm，其他指标同细料石。毛料石外形大致方正，一般不加工或仅稍加修整，高度应不小于 200 mm，叠砌面凹入深度应不大于 25 mm。

四、砌筑砂浆

砌筑砂浆是将砖、石、砌块等块材砌筑成砌体时，起黏结、衬垫和传力作用的砂浆。砂浆按胶结材料分为水泥砂浆、石灰砂浆和水泥混合砂浆，砌筑砂浆宜采用水泥砂浆和水泥混合砂浆。水泥砂浆由水泥、砂和水配制而成；水泥混合砂浆由水泥、砂、掺加料和水配制而成。

（一）砌筑砂浆用原材料

1. 水泥

砌筑砂浆的水泥宜采用通用硅酸盐水泥或砌筑水泥。水泥强度等级应根据砂浆品种及强度等级的要求进行选择。MU15及以下强度等级的砌筑砂浆宜选用32.5级通用硅酸盐水泥或砌筑水泥，MU15以上强度等级的砌筑砂浆宜选用42.5级通用硅酸盐水泥。

通用硅酸盐水泥是以硅酸盐水泥熟料和适量石膏及规定的混合材料制成的水硬性胶凝材料。按混合材料的种类和掺量分为硅酸盐水泥、普通硅酸盐水泥、矿渣硅酸盐水泥、火山灰质硅酸盐水泥、粉煤灰硅酸盐水泥和复合硅酸盐水泥。硅酸盐水泥分为42.5、42.5R、52.5、52.5R、62.5和62.5R六个强度等级，普通硅酸盐水泥分为42.5、42.5R、52.5和52.5R四个强度等级，矿渣硅酸盐水泥、火山灰质硅酸盐水泥、粉煤灰硅酸盐水泥和复合硅酸盐水泥分为32.5、32.5R、42.5、42.5R、52.5和52.5R六个强度等级。

砌筑水泥是指由一种或一种以上的水泥混合材料，加入适量硅酸盐水泥熟料和石膏，经磨细制成的性能较好的水硬性胶凝材料。砌筑水泥分为12.5和22.5两个强度等级，主要用于砌筑和抹面砂浆、垫层混凝土等，不得用于结构混凝土。

不同品种的水泥不得混合使用。

2. 砂

砌筑用砂宜采用过筛中砂，并不得混有草根、树叶、树枝、塑料、煤块、炉渣等杂物。砂中含泥量、泥块含量、石粉含量、云母、轻物质、有机物、硫化物、硫酸盐、氯盐含量等应符合相关规范，否则会降低砌筑砂浆的强度和均匀性，还会使砂浆的收缩值增大、耐久性降低，影响砌体质量。

人工砂、山砂及特细砂，经试配能满足砌筑砂浆技术条件要求后方可使用。

3. 掺加料

为改善砌筑砂浆的和易性、节约水泥，常加入掺加料，如粉煤灰、建筑生石灰、建筑生石灰粉、石灰膏等。

粉煤灰、建筑生石灰、建筑生石灰粉的品质指标应符合相关现行行业标准的规定；建筑生石灰、建筑生石灰粉应熟化为石灰膏，其熟化时间分别不得少于 7 d 和 2 d；沉淀池中储存的石灰膏，应防止干燥、冻结和污染，严禁使用脱水硬化的石灰膏；建筑生石灰粉、消石灰粉不得替代石灰膏配制水泥石灰砂浆；石灰膏用量应按稠度 120 mm ± 5 mm 计算。

4. 水

拌制砂浆用水的水质应符合相关规定。

5. 外加剂

若要在砂浆中掺入增塑剂、早强剂、缓凝剂、防冻剂、防水剂等砂浆外加剂，其种类和用量应经有资质的检测单位检测和试配确定。所用外加剂的技术性能应符合国家标准的有关要求。

（二）砂浆的强度

水泥砂浆及预拌砌筑砂浆按强度分为 M5、M7.5、M10、M15、M20、M25 和 M30 七级；水泥混合砂浆按强度分为 M5、M7.5、M10 和 M15 四级。以经过标准养护 28d 的试块抗压强度为标准。

（三）砂浆强度检测

在砂浆搅拌机出料口或在湿拌砂浆的储存容器出料口随机取样制作试块（现场拌制的砂浆）同盘砂浆应只做 1 组试块，试块标养 28 d 后作强度试验。预拌砂浆中的湿拌砂浆稠度应在进场时取样检验。不超过 250 m³ 砌体的各类、各强度等级的普通砌筑砂浆，每台搅拌机应至少抽检 1 组。验收批的预拌砂浆、蒸压加气混凝土砌块专用砂浆，应抽验 3 组。

（四）砂浆的拌制和使用

1. 砌筑砂浆的拌制要求

（1）配合比的确定。砌筑砂浆的配合比应经计算和试验确定。试配砂浆时，强度应比设计强度高 15%。施工中不应采用强度等级小于 M5 的水泥砂浆替代同强度等级的水泥混合砂浆，如需替代，应使用强度等级高一级的，并按此强度等级重新计算砂浆配制强度和配合比。

（2）配料精度控制。砂浆各组成材料应按质量计量，水泥及各种外加剂的允许偏差为 ±2%，砂、粉煤灰、石灰膏等配料的允许偏差为 ±5%。

（3）投料顺序。搅拌水泥砂浆时，应先投入砂及水泥，干拌 30 s 后，再加水搅拌均匀。搅拌水泥混合砂浆时，应先投入砂及水泥，干拌均匀后，再投入石灰膏并加水搅拌均匀。

（4）搅拌时间。砌筑砂浆应采用机械搅拌，搅拌时间自投料完成起计算，应符合下列规定：水泥砂浆和水泥混合砂浆不得少于 120 s；水泥粉煤灰砂浆和掺用外加剂的砂浆不得少于 180 s；掺增塑剂砂浆的搅拌方式和搅拌时间应符合相关规定；干混砂浆及加气混凝土砌块专用砂浆应按掺用外加剂的砂浆确定搅拌时间或按产品说明书确定搅拌时间。

2. 砌筑砂浆的使用要求

砂浆拌成后和使用时，应盛入灰桶、灰槽等贮灰器中，如果砂浆出现泌水现象，应在砌筑前再次拌和。砂浆应随拌随用，在 3 h 内使用完毕，如果施工期间最高气温超过 30 ℃，应在 2 h 内使用完毕。预拌砂浆及蒸压加气混凝土砌块专用砂浆的使用时间应按照说明书确定。

五、砌筑材料运输

砌筑工程的材料运输分为垂直运输及地面和楼面的水平运输，一般情况下垂直运输的问题较多。施工过程中不仅要运输大量的砖石和砂浆，而且要运输施工工具和预制构件。砌筑工程中常用的垂直运输设备有井架、龙门架、塔式起重机、建筑施工电梯等。

（一）井架

井架是最常用的垂直运输设备，使用型钢或钢管制成的定型产品或脚手架部件搭设，一般为单孔，也可是双孔或三孔。井架具有结构简单、经久耐用、搭拆方便快速、稳定性好、使用安全等优点。

井架内设有吊盘，起重量为 8 kN ~ 15 kN，搭设高度可达 40 m。为了扩大起重范围，常在井架上安装悬臂拔杆，悬臂长 5 ~ 10 m，旋转半径为 2.5 ~ 5 m，起重量为 5 kN ~ 10 kN。沿架体应设置附墙架或缆风绳，以确保井架稳定。当架设高度不大于 20 m 时，缆风绳不少于一组，且架设高度每增加 10 m 应加设一组。每组缆风绳应设置在井架的四角，每角 1 根，采用直径为 9.3 mm 的圆股钢丝绳，与地面夹角为 45°～60°，并设地锚。若设置临时缆风绳，应在此位置将架体两立柱做横向连接，不得分别牵拉立柱的单肢。

（二）龙门架

龙门架是由两根立杆和横梁构成的门式架，并装有滑轮、导轨、吊盘。其架设高度不超过 30 m，起重量为 4 kN～12 kN。沿架体应设置附墙架或缆风绳，以确保井架的稳定。龙门架架设高度不大于 20 m 时缆风绳不少于一组，21～30 m 时缆风绳不少于两组，龙门架的顶部应设置一组缆风绳，每组不少于 6 根，采用直径不小于 9.3 mm 的圆股钢丝绳，与地面夹角为 45°～60°，并设地锚。若设置临时缆风绳，应在此位置将架体两立柱做横向连接，不得分别牵拉立柱的单肢。

（三）塔式起重机

塔式起重机可同时用于砌筑工程的垂直和水平运输，台班产量一般为 80～120 吊次。为了充分发挥塔式起重机的作用，施工中每吊次应尽可能满载，避免二次吊运；在进行施工组织设计时，应合理布置施工现场平面图，减少塔吊的每次运转时间。

（四）建筑施工电梯

在高层建筑施工中，常采用人货两用的建筑施工电梯。施工电梯附在外墙或其他建筑物上，最大可载重 10 kN～12 kN，最大可乘 12～15 人。

建筑施工电梯在使用时还应设置相应的安全设施，如上、下极限位器，缓冲器，超载限制器，安全停靠装置，断绳保护装置，上料防护棚，信号装置等。

第二节　砌筑用脚手架

在建筑工程施工中，为满足施工作业需要而设置的各种操作架，统称为脚手架。搭设脚手架的预制件也称为"架设材料"或"架设工具"，是施工企业重要的常备施工设备和周转材料。

一、脚手架及其分类

（一）脚手架

脚手架是建筑施工中重要的临时设施，能保证工程作业面的连续性施工；应满足施工操作所需要的运料和堆料要求；对高处作业人员起到防护作用，以确保施工人员的安全；能满足多层作业、交叉作业、流水作业和多工种之间配合作业的要求。脚手架应具有足够的强度、刚度和稳定性，安全可靠；可就地取材，节约材料；搭拆简单，移动方便。

（二）脚手架的分类

脚手架按用途分为结构工程作业脚手架（简称结构脚手架）、装修工程作业脚手架（简称装修脚手架）、承重与支撑脚手架和防护用脚手架；按支固方式分为落地式、悬挑式、附墙升降式和吊脚式；按设置形式分为单排、双排、多排和满堂；按搭设位置分为外脚手架和里脚手架；按材料分为木脚手架、竹脚手架和金属脚手架。

二、外脚手架

外脚手架是沿建筑物或构筑物外墙周边搭设的脚手架，既可用于外墙砌筑，也可用于外墙装修施工。常用的外脚手架有以下几种形式。

（一）扣件式钢管脚手架

扣件式钢管脚手架是为建筑施工而搭设的、承受荷载的，由扣件和钢管等构成的脚手架与支撑架。扣件是采用螺栓紧固的扣接连接件，包括直角扣件、旋转扣件和对接扣件，扣件式钢管脚手架具有承载能力大、拆装方便、搭设高度大、周转次数多、费用低等优点，是目前使用较普遍的脚手架之一。

扣件式钢脚手架有单排架和双排架两种构造形式。单、双排脚手架底层步距均不应超过 2 m。单排脚手架搭设高度不应超过 24 m；双排脚手架搭设高度不宜超过 50 m；高度超过 50 m 的双排脚手架应采用分段搭设等措施。

1. 立杆

立杆是平行于建筑物外立面并垂直于地面的杆件，是传递脚手架结构自重、施工荷载与风荷载的主要受力杆件。单立杆双排脚手架的搭设限高为 50 m；当需要搭设 50 m 以上的脚手架时，其 35 m 以下部分应采用双立杆，或 35 m 以上采用分段卸载措施。

每根立杆底部宜设置底座或垫板。脚手架必须设置纵、横向扫地杆,纵向扫地杆应采用直角扣件固定在距钢管底端不大于 200 mm 处的立杆上,横向扫地杆应采用直角扣件固定在紧靠纵向扫地杆下方的立杆上。

2. 水平杆

此处涉及的水平杆指脚手架中的水平杆件。沿脚手架纵向设置的水平杆为纵向水平杆;沿脚手架横向设置的水平杆为横向水平杆。

纵向水平杆应设置在立柱内侧,单根杆长度不应小于 3 跨,并应采用对接扣件进行连接或搭接,搭接长度不应小于 1 m,同时应等间距设置 3 个旋转扣件固定。纵向水平杆相邻两接头不应设置在同步或同跨内,不同步或不同跨的相邻两接头在水平方向应错开至少 500 mm,各接头中心至最近主节点的距离不应大于纵距的 1/3。端部扣件盖板边缘至搭接纵向水平杆件端的距离不应小于 100 mm。

横向水平杆在主节点处必须设置一根,并用直角扣件扣接,严禁拆除;在作业层上非主节点处应等间距设置,最大间距不应大于纵距的 1/2。

3. 脚手板

脚手板在作业层内应铺满、铺稳、铺实,采用对接平铺或搭接铺设。对接平铺时,接头处应设置 2 根横向水平杆,每块脚手板外伸长度为 130～150 mm,两块脚手板外伸长度之和不应大于 300 mm;搭接铺设时,接头应置于横向水平杆上,搭接长度不应小于 200 mm,伸出横向水平杆的长度不应小于 100 mm。作业层端部脚手板探头长度应为 150 mm,板的两端均应固定在支承杆件上。

4. 支撑

支撑能够保证脚手架的整体刚度和稳定性,提高脚手架的承载力。支撑分为剪刀撑和横向支撑。剪刀撑是设置在脚手架纵向或水平向的成对交叉斜杆,可增强脚手架的纵向刚度;横向支撑是设置在脚手架内,外排立杆之间呈"之"字形的斜杆,可增强脚手架的横向刚度。单排脚手架应设置剪刀撑,双排脚手架应设置剪刀撑与横向斜撑。

5. 连墙件

连墙件是将脚手架架体与建筑主体结构连接,能够传递拉力和压力的构件,是脚手架中既要承受、传递风荷载,又要防止脚手架在横向失稳或倾覆的重要受力部件。

为了防止脚手架倾覆,加强立杆的刚度和稳定性,脚手架应设置连墙件。其布置形式、间距大小对脚手架的承载能力有很大影响。正常情况下，连墙件不受力，一旦脚手架发生变形，连墙件就会承受压力或拉力，起到分散荷载的作用。

连墙件按传力性能、构造形式分为刚性连墙件和柔性连墙件。通常脚手架高度在 24 m 以下时，可用柔性连墙件；高度在 24 m 以上的双排脚手架采用刚性连墙件，使脚手架与建筑物连接可靠。刚性连墙件的布置间距由脚手架的搭设高度决定。

（二）碗扣式钢管脚手架

碗扣式钢管脚手架全称为 WDJ 碗扣型多功能脚手架，是采用碗扣方式连接的钢管脚手架和模板支撑架。碗扣接头是其核心部件，由焊在立杆上的下碗扣、可滑动的上碗扣、上碗扣的限位销和焊在横杆上的接头组成。连接时，只需将横杆插入下碗扣内，将上碗扣沿限位销扣下，顺时针旋转上碗扣螺旋面使之与限位销顶紧，从而将横杆和立杆牢固地连接在一起，形成框架结构，碗扣式接头可同时连接 4 根横杆，横杆可相互垂直，也可偏转成一定角度，位置随需要确定。碗扣式钢管脚手架具有结构简单、接头合理、力学性能好、工作安全可靠、装拆迅速省力、功能较多等优点。

1.碗扣式钢管脚手架构配件规格及用途

碗扣式钢管脚手架的杆配件共有 23 类，53 种规格，按其用途可分为主要构件、辅助构件和专用构件三类。主要构件有 5 种，分别是：①立杆。脚手架的纵向支撑杆，由一定长度的 $\phi 48$ mm × 3.5 mm 钢管上每隔 0.6 m 安装一套碗扣接头，并在其顶端焊接立杆连接管制成。立杆有 1 200 mm（LG-120）、1 800 mm（LG-180）、2 400 mm（LG-240）、3 000 mm（LG-300）4 种规格，以便错开接头部位。②横杆，脚手架的水平杆件，由一定长度的 48 mm × 3.5 mm 钢管两端焊接横杆接头制成，有 300 mm（HG-30）、600 mm（HG-60）、900 mm（HG-90）、1 200 mm（HG-120）、1 500 mm（HG-150）、1 800mm（HG-180）6 种规格。③间横杆，钢管两端焊有插卡装置的横杆，有 900 mm（JHG-90）、1 200 mm（JHG-120）、（1 200+300）mm（JHG-120+30，用于窄挑梁）、（1 200+600）mm（JHG-120+60，用于宽挑梁）4 种规格。④专用外斜杆，两端带有旋转式接头的斜向杆件，有 1 500 mm（XG-0912）、1 700 mm（XG-1212）、2 160 mm（XG-1218）、2 340 mm（XG-1518）、2 550 mm（XG-1818）5 种规格。⑤专用斜杆，为了增强脚手架稳定性而设计的系列杆件，有 1 270 mm（ZXG-0912）、1 750 mm（ZXG-0918）、1 500 mm（ZXG-1212）、

1 920 mm（ZXG-1218）4 种规格。

　　2. 组架的设置形式

　　双排脚手架。由内外两排立杆及大小横杆、斜杆等构配件组成的脚手架。若需曲线形布置时，可用不同长度的横杆梯形组框与不同长度的横杆平行四边形组框混合搭建，能组成曲率半径大于 2.4 m 的任意曲线分架。当拐角为直角时，宜采用横杆直接组架；当拐角为非直角时，可采用钢管扣件组架。

　　模板支撑架。由多排立杆及横杆、斜杆等构配件组成的支撑架。模板支撑架应根据荷载选择立杆的间距和步距。模板支撑架高宽比应不大于 2，高宽比大于 2 时可扩大下部架体尺寸或采取其他构造。高度大于 4.8 m 时，顶端和底端必须设置水平剪刀撑，中间水平剪刀撑间距不应大于 4.8 m。

（三）门式钢管脚手架

　　门式钢管脚手架是由门架、交叉支撑、连接棒、挂扣式脚手板、锁臂、底座等组成，再以水平加固杆、剪刀撑、扫地杆加固，并采用连墙件与建筑物主体结构相连的一种定型化钢管脚手架，简称门式脚手架。门式钢管脚手架构造简单、受力性能好、承载能力高、装拆方便、安全可靠，是目前国际上应用较为广泛的脚手架。

　　门式钢管脚手架部件之间的连接。门式钢管脚手架各部件之间采用自锚结构连接，具有方便可靠的特点，主要形式有制动片式、偏重片式、滑片式、弹片式等。制动片式：在挂扣的固定片上，铆有主制动片和被制动片，安装前使两者处于脱离状态，开口尺寸大于门架横梁直径，就位后，将被制动片逆时针方向转动卡住横梁，主制动片自行落下，将被制动片卡住，使脚手板（或水平梁）自锚于门架上。偏重片式：在门架竖管上焊一段端头开槽的 ϕ12 mm 圆钢，槽呈坡形，上口长 23 mm，下口长 20 mm，槽内设一偏重片，在其近端开一椭圆形孔，其端部斜面与槽内斜面相合，不会转动，就位后将偏重片稍向外拉，并旋转到自锚。

三、里脚手架

　　里脚手架是搭设在建筑物内部，用于砌墙、抹灰和室内装饰工程等用的脚手架。使用过程中不断随楼层升高上翻、装拆频繁，因此，要求其轻便灵活，便于拆装。

（一）折叠式里脚手架

折叠式里脚手架是室内砌筑和装修最常用的一种脚手架。按制作材料分为角钢折叠式、钢管折叠式和钢筋折叠式。架设间距：砌筑时不超过 1.8 m，粉刷时不超过 2.2 m。架设步距角钢式脚手架可搭设两步，第一步为 1 m，第二步为 1.65 m，其余两种只可搭设一步。

（二）支柱式里脚手架

支柱式里脚手架由若干个支柱及横杆组成，上铺脚手板，适用于砌筑墙体和内粉刷。按构造形式分为套管式和承插式。架设间距：砌筑时不超过 2 m，粉刷时不超过 2.5 m。

（三）伞脚折叠式支柱

伞脚折叠式支柱由立管（伞形支柱）套管、横梁或桁架组成。立管下端有状如伞骨的支脚，可撑开，也可收拢，立管上有销孔，套管可在立管中上升下降，以调节套管高度。这种里脚手架可以根据需要架设单排支柱或双排支柱。单排架设时，横梁加焊角钢的一端搁在砖墙上，另一端插在套管的插管内；双排架设时，应用桁架作横梁。架设间距：砌筑时为 2 m，粉刷时为 2.5 m。

（四）满堂脚手架

满堂脚手架是指室内平面满设的纵、横向各超过 3 排立杆的整块形落地式脚手架，一般用在单层厂房、礼堂、剧院、餐厅、多功能厅等的平顶施工中。满堂脚手架常用扣件式、碗扣式钢管脚手架和门式脚手架搭设，其构架形式应根据工程的具体情况及搭设要求确定。

四、脚手架搭设的安全技术要求

建筑施工过程中，脚手架造成的安全事故时有发生，往往使生命和财产受到巨大损失，同时对工期也有较大影响。因此，在脚手架的搭设、使用、拆除，以及运输保管的全过程中必须始终贯彻"安全第一，预防为主"的方针，采取切实可行的措施，防止发生安全事故。

（一）脚手架的安全要求

为确保施工安全，应按下列要求搭设、使用和拆除脚手架：①高度大于 2 m

的各类脚手架，都必须严格按照有关规定搭设、使用和拆除，确保其具有足够的强度、刚度和整体稳定性，保证施工安全。②凡铺脚手板的施工作业层，都要按规定在架子外侧绑护身栏杆和挡脚板，脚手板必须铺严、铺满，与建筑物之间的空隙不得大于 200 mm，脚手架上不得留有单跳板和探头板。施工中采用脚手架做外防护时，防护高度必须始终高于施工作业面 1 m 以上。③各类新搭设或重新使用（包括停用 15 d 以上，或经受暴风、骤雨、大雪、地震等强力因素作用或出现安全隐患后经过维修处理）的脚手架，正式使用前，必须检查验收合格后方可使用。④施工荷载不应超过规定荷载，若无法避免超载使用，必须进行计算并采取相应措施后方可使用。双排脚手架的均布施工荷载标准值：结构脚手架为 3 kN/m^2，装修脚手架为 2 kN/m^2，维修脚手架为 1 kN/m^2。

（二）架设安全网

为了确保施工安全，当建筑外墙砌筑高度超过 4 m 或进行立体交叉作业时，必须在脚手架外侧架设安全网。支设平网时，安全网伸出墙面的宽度应不小于 2 m，外口要高于里口 400 ~ 600 mm，搭接处应扎牢。施工过程中要经常对安全网进行定期检查和维修。

当施工中采用里脚手架砌外墙（及用吊篮或挂脚手架进行外墙装修）时，要沿墙外侧设置安全网。对于高层建筑，除作业架设安全网外，还应沿高度方向每隔 4 ~ 6 层架设一道形式与作业楼层安全网相同的中间固定网。此外，还应在建筑的首层架设固定的双层安全网，宽度为 4 ~ 6 m，外口要高于里口 600 ~ 800 mm。

（三）钢脚手架的防电避雷措施

1. 防电

钢制脚手架（或网制井架、龙门架、独脚扒杆等）不得在距离 35 kV 以上的高压线路 4.5 m 以内的地区或距离 1 kV ~ 10 kV 高压线路 3 m 以内的地区搭设，并且在架设、使用、拆除过程中要严防导电杆件、钢筋或其他物品靠近和接触高压线路。若钢脚手架需要穿过或靠近 380 V 以内的电力线路，距离在 2 m 内时，应断电或拆除电源；如果不能断电或拆除，应采取可靠的绝缘、隔离措施和钢架接地处理。夜间施工照明用的线路通过钢脚手架或其他钢架时，应使用不超过 12 V 的低压电源。

2. 避雷

对于搭设在旷野、山坡，或高于附近建筑物、构筑物的钢脚手架或其他钢架，如果处在易遭雷击区域或施工时期处于雷雨季节，应按规定设置符合安全要求的避雷装置，如避雷针、接地极、接地线。

第三节　砌体施工

一、石砌体砌筑

（一）毛石基础

砌筑毛石基础所用的毛石应质地坚实，无风化剥落和裂纹，中部厚度不宜大于 150 mm，强度等级不低于 MU20，并采用强度等级不低于 M5 的水泥砂浆砌筑，灰缝厚度一般为 20 ~ 30 mm。

毛石基础按剖面形式分为矩形、阶梯形和梯形。一般情况下，矩形剖面为满槽装毛石，上、下等宽；阶梯形剖面是每砌 300 ~ 500 mm 高后收退一个台阶，直至达到基础顶面宽度；梯形剖面是上窄下宽，由下至上逐步收小尺寸。毛石基础的标高一般砌到室内地坪以下 50 mm，基础顶面宽度不应小于 400 mm。毛石基础的抗冻性较好，可用作寒冷潮湿地区 6 层以下建筑物基础。因其整体性差，因此很少用于有振动的建筑物基础。

毛石基础砌筑前，应根据标志板上的基础轴线来确定基础边线的位置，第一皮石块砌筑时，应将比较方整的较大石块放在基础的四角（称为角石）。以角石作为基准拉水平线，按线砌筑内外皮面石，再填充腹石后，即可灌浆。灌浆时，大的石缝中先填 1/3 ~ 1/2 砂浆，再用碎石块嵌实，并用手锤轻轻敲实。不得先用小石块塞缝后灌浆，否则易造成干缝和空洞，从而影响砌体质量。砌筑时，上、下皮石间一定要使用拉结石，将内外层石块拉结成整体，且拉结石长度应大于基础宽的 2/3，从立面看时呈梅花形，上下左右错开。

（二）毛石墙

毛石墙是用乱毛石或平毛石与水泥砂浆或水泥混合砂浆砌筑而成的。毛石墙的转角可用平毛石或料石砌筑，厚度不宜小于 350 mm，当有振动荷载时，墙柱不应采用毛石砌体。

施工时根据轴线放出墙身里外两边线，挂线每皮（层）卧砌，每层高度为 200～300 mm。砌筑时应采用铺浆法，先铺灰后摆石。毛石墙的第一皮，每一楼层最上一皮、转角处、交接处及门窗洞口处用较大的平毛石砌筑，转角处最好应用加工过的方整石。毛石墙砌筑时应先砌筑转角处和交接处，再砌中间墙身，石砌体的转角处和交接处应同时砌筑。对不能同时砌筑而又必须留置的临时间断处，应砌成斜搓。砌筑时石料大小搭配，大面朝下，外面平齐，上下错缝，内外交错搭砌，逐块卧砌坐浆。灰缝厚度不宜大于 20 mm，保证砂浆饱满，不得有干接现象。石块间较大的空隙应先堵塞砂浆，后用碎石块嵌实。为增加砌体的整体性，石墙面每 0.7 m² 内应设置一块拉结石，同皮的水平中距不得大于 2.0 m，拉结长度为墙厚。

石墙砌体每日砌筑高度不应超过 1.2 m，但室外温度在 20 ℃以上停歇 4 h 后可继续砌筑。石墙砌至楼板底时要用水泥砂浆找平。门窗洞口可用黏土砖做砖砌平拱或放置钢筋混凝土过梁。

石墙与实心砖的组合墙中，石与砖应同时砌筑，并每隔 4～6 皮砖用 2～3 皮砖与石砌体拉结砌合，石墙与砖墙相接的转角处和交接处应同时砌筑。

二、砖砌体的施工

（一）砌砖前准备

1. 材料准备

（1）砖的准备

砖的品种必须符合设计要求，强度等级不低于 MU10，不同品种的砖不得在同一楼层混砌。用于清水墙时，柱表面的砖应边角整齐、色泽均匀。为了避免砌筑困难和跑浆现象的发生，保证灰缝砂浆的密实性、黏结性和强度，砖应在砌筑前 1～2 d 适度湿润，严禁采用干砖或处于吸水饱和状态的砖砌筑。因此要求烧结类块体的相对含水率为 60%～70%；混凝土多孔砖及混凝土实心砖则不需浇水湿润，但在气候干燥炎热的情况下，宜在砌筑前对其喷水湿润；其他非烧结类块体的相对含水率为 40%～50%。

（2）砂浆的准备

砂浆的准备主要是做好砂浆配合比设计，砂浆的强度等级不低于 M5。砂浆材料准备和砂浆的配制、拌制等准备。

2. 施工机具的准备

砌体砌筑前必须按施工组织设计要求组织垂直和水平运输机械，砂浆搅拌机械进场、安装、调试等。同时还应准备砌筑工具等。

（二）砖的砌筑形式

1. 砖基础的形式

砖基础分为条形基础和独立基础。普通砖基础用烧结普通砖与砂浆砌筑，由基础墙（或柱）与基础大放脚组成，基础下部扩大部分称为大放脚，上部为基础墙。大放脚分为等高式和不等高式。等高式大放脚是两皮一收，两边各收进 1/4 砖长；不等高式大放脚是两皮一收与一皮一收相间隔，两边各收进 1/4 砖长。

砖基础在砌筑前应将垫层表面清理干净。在基础纵横墙交接处和转角处，应支设基础水准仪，并进行统一抄平。大放脚一般采用一顺一丁的砌筑形式，最下一皮及每层的最上一皮应以丁砌为主，上、下皮垂直灰缝相互错开 60 mm。砖基础的十字、丁字交接处，纵横基础要隔皮砌通，为错缝需要应加砌配砖（3/4 砖、半砖或 1/4 砖）。

2. 砖墙的砌筑形式

普通砖墙的厚度有 1/2 砖（115 mm）、3/4 砖（178 mm）、一砖（240 mm）、一砖半（365 mm）、二砖（490 mm）等。普通砖墙立面的砌筑形式有以下几种。

（1）一顺一丁

一顺一丁是一皮中全部顺砖与一皮中全部丁砖间隔砌成。上、下皮竖缝相互错开 1/4 砖长，适合于砌筑一砖墙、一砖半墙及二砖墙。这种砌法最为常用，对工人的技术要求较低。

（2）三顺一丁

三顺一丁是三皮中全部顺砖与一皮中全部丁砖间隔砌成。上、下皮顺砖间竖缝相互错开 1/2 砖长；上、下皮顺砖与丁砖间竖缝相互错开 1/4 砖长，适合于砌筑一砖墙及一砖半墙。

（3）梅花丁

梅花丁是每皮中丁砖和顺砖相隔，上皮丁砖坐中于下皮顺砖，上、下皮竖缝相互错开 1/4 砖长，适合于砌筑一砖墙及一砖半墙。这种砌法难度最大，但墙体强度最高。

3. 多孔砖和空心砖墙的砌筑形式

承重多孔砖的砌筑方式与砖的形状规格有关。方形承重多孔砖（代号 M，规格为 190 mm×190 mm×90 mm）一般采用全顺砌法，其抓孔平行于墙面，上、下皮竖缝相互错开 1/2 砖长。矩形承重多孔砖（代号 P，规格为 240 mm×115 mm×90 mm）有一顺一丁及梅花丁两种砌筑形式，上下皮垂直灰缝相互错开 1/4 砖长。

非承重空心砖一般是侧立砌筑，孔洞呈水平方向，有特殊要求时，孔洞也可呈垂直方向。

（三）砖砌体的施工工艺

1. 砖砌体施工工艺

找平→放线→摆砖→立水准仪→盘角→挂线→砌砖→勾缝→清理。

（1）找平

砌墙前应在基础顶面或楼面上定出各层标高，并用水泥砂浆或 C10 细石混凝土找平，使各段墙体底部标高符合设计要求。找平时，应使上、下两层外墙体之间不出现明显接缝。

（2）放线

根据龙门板上给定的轴线定位钉或房屋外墙上或内部的轴线控制点，弹出墙体轴线、墙的宽度线，以及门窗洞口的位置线。

（3）摆砖

摆砖又称摆角，是指在放线的基面上按选定的砌筑形式时用干砖试摆。摆砖能够减少砍砖的数量，使砌体灰缝均匀，并满足砖的模数，摆砖由一个大角到另一个大角，砖与砖留 10 mm 缝隙，一般采用"纵顺横丁"的方法，即每层墙体的第一皮砖，沿纵墙方向摆顺砖，沿横墙方向摆丁砖。

（4）立水准仪

水准仪是用来保证墙体每皮砖水平、控制墙体纵向尺寸和各部件标高的仪器。水准仪一般立于墙的转角和纵横交接处，间距一般不超过 15 m。为使水准仗上的楼地面标高线位于设计标高处，应用水准仪抄平后立水准仪。每次开始砌砖前，均应检查水准仪的垂直度和牢固性，以防有误。

（5）盘角

盘角又称立头角，是指正式砌筑墙体前，由技术较高的瓦工先在墙体的转角处砌起，并始终高于周围墙面4~6皮砖，作为整面墙体控制垂直度和标高的依据，且随砌墙随盘角。盘角质量直接影响墙体的施工质量，因此要严格按水准仪标高控制墙面每一皮砖的标高和灰缝厚度，做到墙角方正、墙面平整、方位准确、每皮砖的顶面近似水平，并要"三皮一吊，五皮一靠"，确保盘角的质量。

（6）挂线

为了保证灰缝的厚度和每皮砖的平直度，应在两个盘角之间的墙体上挂通线。通常在一砖墙、3/4砖墙及1/2砖墙体上挂单线，在一砖半墙、两砖墙等较厚的墙体上挂双线。为使线绳水平无下垂，挂线时应将涤纶线或棉线拉紧。若墙身过长，除中间设置水准仪外，还应砌一皮"腰线砖"或再加一个细铁丝揽线棍，用以固定挂通的准线。

（7）砌砖

砌砖宜采用"三一"砌砖法，即一皮砖、一铲灰、一揉压，并随手将挤出的砂浆刮去的方法，即满铺、满挤操作法。其优点是灰缝易饱满、黏结力好、整体性好、墙面整洁、砌筑质量高。

（8）勾缝

勾缝是清水墙的最后一道工序，具有保护墙面和美观的作用。内墙采用原浆勾缝（即用砌筑砂浆随砌墙体随勾缝），外墙采用加浆勾缝（即砌完墙体后用1:1.5的细水泥砂浆勾缝）。

（9）清理

要及时清理落底灰，当该层墙面砌筑完毕后，应清理墙面和地面。

2. 混凝土构造柱的施工

设有混凝土构造柱的墙体，构造柱截面尺寸不应小于240 mm×180 mm，钢筋应采用Ⅰ级钢筋，竖向受力钢筋一般采用4ϕ12 mm，箍筋采用ϕ6 mm，间距不大于250 mm，并在柱的上、下端适当加密。

砖墙与构造柱应沿墙高每隔500 mm设置不少于2ϕ6 mm的水平拉结筋，在外墙转角处，如果纵横墙均为一砖半墙，则水平拉结筋应设3根。拉结筋两边深入墙内不应小于1 m，拉结筋穿过构造柱部位与构造柱钢筋绑牢，当墙上门窗洞边的长度小于1 m时拉结钢筋应伸到洞口边。

砖墙与构造柱交接处，应砌成马牙槎。每个马牙槎高度不宜超过 300 mm 或 5 皮砖高度；应先退后进，退进应大于 60 mm。

在构造柱与圈梁相交的节点处应适当加密构造柱箍筋，加密范围从圈梁上、下边算起均不应小于层高的 1/6 或 450 mm。箍筋间距不宜大于 100 mm。

构造柱的施工顺序为：绑扎钢筋→砌砖墙→支模板→浇筑混凝土。在浇筑构造柱混凝土前，必须将砖墙浇水湿润（钢模板面不浇水，刷隔离剂），并清理模板内的砂浆残块、砖渣等杂物。混凝土坍落度一般以 50～70 mm 为宜。构造柱混凝土可分段浇筑，每段高度不宜大于 2 m，或每个楼层分两次浇筑。在施工条件较好并能确保浇筑密实时，也可每层一次浇筑。

3. 钢筋砖过梁

钢筋砖过梁的底面是砂浆层，厚度不宜小于 30 mm，并应设置直径不小于 5 mm，间距不大于 120 mm 的钢筋。钢筋深入墙内不少于 250 mm，并向上有直角弯钩。

钢筋砖过梁的跨度不应超过 1.5 m，在 7 皮砖高的范围内，应采用强度等级不低于 MU7.5 的普通黏土砖与强度等级不低于 M5 的砂浆进行砌筑。

砌筑时应先在洞口上部架设模板，在模板上铺设 15 mm 厚水泥砂浆，放置钢筋，然后再铺设 15 mm 厚水泥砂浆，使钢筋位于 30 mm 厚砂浆层中间。接着按墙体的砌筑形式砌砖，钢筋上的第一皮砖宜采用丁砖，在钢筋上部 7 皮砖高度范围内不得留设脚手眼，过梁底的模板应在灰缝砂浆强度达到设计强度的 75% 以上时拆除。

（四）砖砌体的技术要求

砖砌体组砌方法应正确，内外搭砌、上下错缝。清水墙、窗间墙应无通缝；混水墙中不得有长度大于 300 mm 的通缝，长度为 200～300 mm 的通缝每间不得超过 3 处，且不得位于同一面墙体上。砖柱不得采用包心砌法。

采用铺浆法砌筑砌体时，铺浆长度不得超过 750 mm。当施工期间气温超过 30 ℃时，铺浆长度不得超过 500 mm。

240 mm 厚承重墙和每层墙的最上一皮砖、砖砌体的台阶水平面上，以及挑出层的外皮砖，应整砖丁砌。

竖向灰缝不应出现瞎缝、透明缝或假缝。弧拱式及平拱式过梁的灰缝应砌成楔形缝，拱底灰缝宽度不宜小于 5 mm，拱顶灰缝宽度不应大于 15 mm，拱体的纵横向灰缝应填实砂浆；平拱式过梁拱脚下面应伸入墙内不小于 20 mm，砖砌平拱过梁应有 1% 的起拱。

多孔砖的孔洞应垂直于受压面砌筑，半盲孔多孔砖的封底面应朝上砌筑。

砖砌体施工临时间断处补砌时，必须将接槎处表面清理干净，洒水润湿，并填实砂浆，保证灰缝平直。

砖和砂浆的强度等级必须符合设计要求。砌体灰缝砂浆应密实饱满，砖墙水平灰缝的砂浆饱满度不得低于 80%，砖柱水平灰缝和竖向灰缝饱满度不得低于 90%。砖砌体的灰缝应横平竖直，厚薄均匀，水平灰缝厚度及竖向灰缝宽度应为 8～12 mm，宜为 10 mm。

砖砌体的转角处和交接处应同时砌筑，严禁无可靠措施的内外墙分砌施工。在抗震设防烈度不小于 8 度地区，对于不能同时砌筑而又必须留置的临时间断处应砌成斜槎，普通砖砌体斜槎水平投影长度不应小于高度的 2/3，多孔砖砌体的斜槎长高比应不小于 1/2，斜槎高度不得超过一步脚手架的高度。对于非抗震设防及抗震设防烈度为 6 度、7 度地区的临时间断处，当不能留斜槎时，除转角处外，可留直槎，但直槎必须做成凸槎，且应加设拉结钢筋。

砌筑完基础或每一楼层后，应校核砌体的轴线和标高。在允许偏差范围内，轴线偏差可在基础顶面或楼面上校正，标高偏差宜通过调整上部砌体灰缝厚度校正。砖砌体尺寸和位置的允许偏差及检验应符合要求。

下列墙体或部位不得设置脚手眼：120 mm 厚墙、清水墙、料石墙、独立柱和附墙柱；过梁上与过梁呈 60° 角的三角形范围及过梁净跨度 1/2 的高度范围内；宽度小于 1 m 的窗间墙；门窗洞口两侧石砌体 300 mm、其他砌体 200 mm 范围内，转角处石砌体 600 mm、其他砌体 450 mm 范围内；梁或梁垫下及其左右 500 mm 范围内；设计时不允许设置脚手眼的部位；轻质墙体；夹心复合墙外叶墙。

雨天不宜在露天砌筑墙体，对下雨当日砌筑的墙体应进行遮盖。继续施工时，应复核墙体的垂直度，如果垂直度超过允许偏差，应拆除重新砌筑。

砌体施工时，楼面和屋面堆载不得超过楼板的允许荷载值。当施工层进料口处施工荷载较大时，楼板下宜采取临时支撑措施。当砌筑砂浆初凝后，块体被撞动或需移动时，应将砂浆清除后再铺浆砌筑。

正常施工条件下，砖砌体、小砌块砌体每日砌筑高度宜控制在 1.5 m 或一步脚手架高度内；石砌体不宜超过 1.2 m。

第三章　房屋结构安装工程施工

房屋结构安装工程是利用起重机械将预制构件在施工现场安装到设计位置的工程，是装配式结构工程施工的主导工程，直接影响到装配式结构工程的施工进度、工程质量和成本。装配式结构工程具有结构构件标准化和施工装配化的特点。

为了充分发挥装配化施工的优点，应根据房屋结构特点、机械设备种类及工期要求，合理选择安装机械，确定合理的施工方案，以达到保证工程质量、缩短工期、降低工程成本的目的。

第一节　起重机械类型及使用要求

结构安装工程常用的起重机械有桅杆式起重机、自行杆式起重机和塔式起重机。

一、桅杆式起重机

桅杆式起重机又称为拔杆或把杆，是最简单的起重设备，一般用木材或钢材制作。常用的桅杆式起重机有独脚拔杆式起重机、人字拔杆式起重机、悬臂拔杆式起重机和牵缆式桅杆起重机。桅杆式起重机具有制作简单、装拆方便、起重量大和受施工场地限制小的特点，适合于构件较重、吊装工程比较集中、施工场地狭窄，而又缺乏其他合适的大型起重机械的工程。但其需要较多的缆风绳，移动困难，而且起重半径小，灵活性较差。

（一）独脚拔杆式起重机

独脚拔杆式起重机由拔杆、起重滑轮组、卷扬机、缆风绳和锚碇组成，依靠其底部的拖橇进行移动。一般情况下，缆风绳的数量为 6~12 根，并不得少于 4 根。起重时拔杆保持不大于 10° 的倾角。

独脚拔杆式起重机分为木式、钢管式和格构式三种形式。木独脚拔杆式起重机起重量在 100 kN 以内，一般起重高度为 8 ~ 15 m；钢管独脚拔杆式起重机起重量可达 300 kN，起重高度在 20 m 以内；格构式独脚拔杆起重量可达 1 000 kN，起重高度可达 70 m。

（二）人字拔杆式起重机

人字拔杆式起重机一般由两根圆木或两根钢管用钢丝绳绑扎或铁件铰接而成。其优点是侧向稳定性比独脚拔杆好，所需缆风绳的数量少，缺点是起吊后构件活动范围小。人字拔杆式起重机底部设有拉杆或拉绳以平衡水平推力，两杆夹角一般为 30° 左右。人字拔杆起重时拔杆向前倾斜，在后面有两根缆风绳。为保证起重时拔杆底部稳固，在一根拔杆底部装一导向滑轮，起重索通过滑轮连接到卷扬机上，再用另一根钢丝绳连接到锚碇上。

（三）悬臂拔杆式起重机

在独脚拔杆中部或 2/3 高度处安装一根起重臂就构成了悬臂拔杆。悬臂拔杆式起重机的优点是起重高度和起重半径较大，起重臂摆动角度也大；缺点是起重量较小，多用于轻型构件的吊装。起重臂也可安装在井架上，构成井架拔杆式起重机。

（四）牵揽式桅杆起重机

在独脚拔杆的下端安装一根可以回转和起伏的起重臂就构成了牵揽式桅杆起重机。牵揽式桅杆起重机灵活性较好，整个机身可 360° 回转；起重量较大，一般为 150 kN~600 kN；起重高度可达 80 m。多用于构件多、重量大且集中的结构安装工程。但所需的缆风绳数量较多。

二、自行杆式起重机

自行杆式起重机有履带式起重机、汽车式起重机和轮胎式起重机。

（一）履带式起重机

履带式起重机是一种高层建筑施工用的自行式起重机，是一种利用履带行走的动臂旋转起重机，由行走装置回转机构、机身和起重臂组成。为了减少对地面的压力，以链式履带作为行走机构。回转机构为装在底盘上的转盘，机身内部有动力装置、卷扬机、操纵系统等。

履带式起重机操纵灵活方便,机身能 360° 回转,通过性好,适应性强,可负荷行走。目前,在装配式结构施工中,特别是单层工业厂房结构安装中,履带式起重机得到了广泛应用。但履带式起重机的稳定性差,不宜超负荷吊装,行走速度缓慢,转移时需要其他车辆搬运。

为了保证履带式起重机能够安全工作,在使用上应满足下列要求:①在安装时需保证起重吊钩中心与臂架顶部定滑轮之间有一定的安全距离,一般为 2.5 ~ 3.5 m。②起重机工作时的地面允许最大坡度应不超过 36°,臂杆的最大仰角一般不得超过 78°。③起重机不宜同时进行起重和旋转操作,也不宜同时起重和改变臂架的幅度。④起重机如必须负载行驶,荷载不得超过最大值的 70%,且道路应坚实平整。⑤施工场地应满足履带对地面的压强要求,当空车停置时为 80 kPa ~ 100 kPa,空车行驶时为 100 kPa ~ 190 kPa,起重时为 170 kPa ~ 300 kPa。⑥若起重机在松软土壤上面工作,宜采用枕木或钢板焊成的路基箱垫好道路,以加快施工速度。⑦起重机负载行驶时重物应在行走方向的正前方,离地面不得超过 50 cm,并拴好拉绳。

履带式起重机的主要技术性能参数有起重量 Q、起重半径 R 和起重高度 H。起重量 Q 是指起重机安全工作所允许的最大起重机质量,不包括吊钩、滑轮组的重量;起重半径 R 是指起重机回转轴线至吊钩中垂线的水平距离;起重高度 H 是指起重吊钩中心至停机面的垂直距离。三个参数相互制约,其数值大小取决于起重臂长度 L 和仰角 α 的大小。每种型号的起重机都有多种臂长 L。当起重臂长度 L 一定时,随着起重臂仰角 α 增大,起重量 Q 和起重高度 H 增大,起重半径 R 减小;起重臂仰角 α 一定时,随着起重臂长度 L 的增加,起重量 Q 减小,起重高度 H 和起重半径 R 增大。

起重机稳定性是指起重机在自重和外荷作用下抵抗倾覆的能力。在进行超负荷吊装或接长起重臂时,需进行稳定性验算,以保证在吊装作业中不会发生倾覆事故。

履带式起重机的稳定性应以起重机处于最不利工作状态,即机身与行驶方向垂直,稳定性最差时进行检验。此时,应以履带中心为倾覆中心检验起重机稳定性。

（二）汽车式起重机

汽车式起重机是将起重机构安装在普通载重汽车或专用汽车底盘上的一种自行杆式起重机，是产量最大、使用最广泛的起重机。汽车式起重机的行驶驾驶室与起重操纵室是分开设置的，起重臂分为桁架臂和伸缩臂。汽车式起重机具有行驶速度快、转移迅速、对地面破坏小等优点。因此，特别适用于流动性大、经常变换地点的作业。缺点是安装作业时稳定性差，工作时必须使用支腿，不能负荷行驶，也不适合在松软或泥泞的地面工作。

汽车式起重机按起重量分为轻型（起重量为小于 50 kN）、中型（起重量为 50 kN ~ 150 kN）、重型（起重量为 50 kN ~ 500 kN）和超重型（起重量大于 500 kN）。按支腿形式分为蛙式支腿、X 形支腿和 H 形支腿。按传动装置的传动方式分为机械传动、电传动和液压传动。按起重装置在水平面的回转范围分为全回转式（转台可任意旋转 360°）和非全回转式汽车起重机（转台回转角小于 270°）。按吊臂的结构形式分为折叠式吊臂、伸缩式吊臂和桁架式吊臂。

（三）轮胎式起重机

轮胎式起重机是将起重机构安装在加重型轮胎和轮轴组成的特制底盘上的一种自行式全回转起重机。其构造与履带式起重机基本相同，只是底盘上装有 4 个可伸缩的支腿，以保证安装作业时机身稳定，在平坦的地面上可不用支腿进行小起重量作业和吊物低速行驶。

轮胎式起重机具有稳定性好、车身短、可在 360° 范围内工作、起重量较大等特点。但其行驶时对路面要求较高，行驶速度较汽车式起重机慢，不适合在松软或泥泞的地面上工作。

三、塔式起重机

塔式起重机包括行走式塔式起重机和自升式起重机。行走式塔式起重机包括轨道行走式起重机、轮胎行走式起重机和履带行走式起重机。自升式塔式起重机包括爬升式起重机和附着式起重机。

塔式起重机简称塔机，也称塔吊，具有竖直的塔身，其起重臂安装在塔身顶部，与塔身组成 T 形的工作空间，具有较大的工作空间。塔式起重机由金属结构、工作机构和电气系统组成。金属结构包括塔身、动臂、底座等，工作机构有起升、变幅、回转和行走 4 个部分，电气系统包括电动机、控制器、配电柜、连接线路、信号及照明装置等。塔吊具有较高的有效起重高度和较大的有效工作半径,工作范围广,起重臂能 360° 回转。因此,在建筑结构吊装过程中,特别是在多层和高层建筑施工中得到广泛应用。

塔式起重机分为上回转式起重机和下回转式起重机,按能否移动分为行走式起重机和固定式起重机,按变幅方式分为水平臂架小车变幅起重机和动臂变幅起重机,按安装形式分为自升式起重机、整体快速拆装式起重机和拼装式起重机。目前,应用最广的是下回转式起重机、快速拆装式起重机、轨道式塔式起重机和能够一机四用(轨道式、固定式、附着式、内爬式)的自升塔式起重机。

(一)轨道式塔式起重机

轨道式塔式起重机是一种在轨道上行驶的自行式塔式起重机。其中,有的只能在直线轨道行驶,有的可沿 L 形或 U 形轨道行驶。作业范围在两倍起重臂幅度的宽度和走行线长度的矩形面积内,并可负荷行驶。常用的轨道式塔式起重机的型号主要有 QT1-2 型和 QT1-6 型。

QT1-2 型塔式起重机是一种塔身回转式轻型塔式起重机,由底盘、塔身和起重臂组成。QT1-2 型塔式起重机可以折叠,能整体运输,其优点是重心低、转动灵活、稳定性好、运输和安装方便,但回转平台较大,起重高度小,只适用于五层以下民用建筑结构安装和预制构件厂装卸作业。

QT1-6 型塔式起重机是轨道式上旋转塔式起重机,由底座、塔身、起重臂、塔顶及平衡重物等组成。QT1-6 型塔式起重机底座分为 2 种:一种有 4 个行走轮,只能沿直线行驶;另一种有 8 个行走轮,能转弯行驶,内轨曲率半径不小于 5 m。

(二)爬升式塔式起重机

爬升式塔式起重机是一种自升式塔式起重机,是一种安装在建筑物内部(电梯井或特设开间)的结构上,依靠套架托梁和爬升系统随着建筑物的建高而爬升升高的起重机械,由底座、套架、塔身、塔顶、行车式起重臂、平衡臂等组成。一般每搭建 1~2 层楼便要爬升一次,适用于框架结构的高层建筑施工。爬升式塔式起重机具有机身小、质量轻、安装简单、不占用建筑物外围空间的特点,其缺点是增加建筑物的造价;操作员的视野不良;需要一套辅助设备用于起重机拆卸。常用爬升式塔式起重机的型号主要有 QT5-4/40 型、QT3-4 型等。

（三）附着式塔式起重机

附着式塔式起重机是直接固定在建筑物近旁的钢筋混凝土基础上，依靠爬升系统随建筑施工进度自行向上接高的自升式塔式起重机。随着建筑物的升高，利用液压自升系统逐步将塔顶抬升、塔身接高，适用于高层建筑施工。为了保证塔身稳定，每隔一定高度需将塔身与建筑物用锚固装置连接起来，使起重机依附在建筑物上。锚固装置由套装在塔身上的锚固环、附着杆及固定在建筑结构上的锚固支座构成。第一道锚固装置设于塔身高度的 30 ~ 50 m 处，自第一道向上每隔 20 m 左右设置一道，一般锚固装置设 3 ~ 4 道。附着式塔式起重机还可以安装在建筑物内部作为爬升起重机使用，或作为轨道式塔式起重机使用。

附着式塔式起重机的型号主要有 QT4–10 型（起重量为 30 kN ~ 100 kN）、ZT–120 型（起重量为 40 kN ~ 80 kN）、ZT–100 型（起重量为 30 kN ~ 60 kN）、QT1–4 型（起重量为 16 kN ~ 40 kN）。

四、吊装工具

吊索、卡环、花篮螺丝、横吊梁等是在构件安装过程中经常使用的吊装工具。

（一）吊索

吊索是用钢丝绳或合成纤维等原料做成的用于吊装的绳索，又称千斤索或千斤绳，主要用来绑扎构件以便起吊。吊索分为环状吊索（又称万能吊索）和开式吊索（又称轻便吊索或 8 股头吊索）；按制作材料分为金属吊索和合成纤维吊索，金属吊索主要有钢丝绳吊索和链条吊索两类，合成纤维吊索主要为以锦纶、丙纶、涤纶、高强高模聚乙烯纤维为原材料生产的绳类和带类吊索。

（二）卡环

卡环用于吊索和吊索或吊索和构件吊环之间的连接，由弯环和销子组成。卡环按弯环形式分为 D 形卡环和弓形卡环；按销子和弯环的连接形式分为螺栓式卡环和活络卡环。螺栓式卡环的销子和弯钩采用螺纹连接；活络卡环的销子端头和弯环孔眼无螺纹，可直接抽出，销子断面有圆形和椭圆形两种，常用于柱子吊装。柱子吊装就位后，在地面上用系在销子尾部的绳子即可将销子拉出，解开吊索，避免高空作业。

（三）花篮螺丝

花篮螺丝又称为花兰螺丝、索具、紧线扣，利用丝杠进行伸缩，能调整钢丝绳的松紧。可在构件运输中捆绑构件，在安装校正中松、紧缆风绳。其中 OO 型用于不经常拆卸的场合，CC 型用于经常拆卸的场合，CO 型用于一端经常拆卸另一端不经常拆卸的场合。花篮螺丝根据工艺成型方式分为铸造玛钢花篮螺丝、普通碳钢花篮螺丝和锻制花篮螺丝三种，常用的是普通碳钢花篮螺丝和锻制花篮螺丝，普通碳钢花篮螺丝主要用于不重要场合静止捆绑，锻制花兰螺丝用于提升、货运捆绑加固。

（四）横吊梁

横吊梁又称铁扁担，常用于柱和屋架等构件的吊装。用横吊梁起吊柱容易使柱身易保持垂直，便于安装；用横吊梁起吊屋架可以降低起吊高度，减小吊索的水平分力对屋架的压力。常用的横吊梁有钢板式和钢管式。钢板横吊梁由 3 号钢板压制而成，一般用于吊装柱。钢管横吊梁一般用于吊装屋架，钢管长为 6 ~ 12 m。

第二节　单层工业厂房结构安装

单层工业厂房由于面积大、构件类型少、数量多，一般多采用装配式结构安装。其主要承重结构，除基础为现浇外，其他构件如柱子、吊车梁、屋架、天窗架、屋面板等均为预制。一般尺寸大、构件重的大型构件在施工现场就地预制，中、小型构件多集中在预制厂制作，然后运到施工现场进行吊装。因此结构安装工程是装配式单层工业厂房施工中的主导工程，直接影响着工程进度、劳动生产率、工程质量、施工安全和工程成本，必须予以充分重视。

在拟定单层工业厂房结构安装方案时，首先应考虑厂房的结构形式和特点、构件本身的特性和施工现场的具体条件，合理选择起重机械，使其满足施工要求；然后根据所选起重机械的性能确定构件吊装工艺、结构安装方法、起重机的运行路线和位置；最后进行构件现场预制的平面布置和就位布置。

一、安装前的准备工作

构件吊装前的准备工作主要有施工场地的清理与布置，各种施工机具设备的选择与检查，基础的准备，构件的运输和堆放、拼装与加固、弹线编号等。

（一）基础的准备

装配式钢筋混凝土柱基础一般为杯形基础，应在柱身的三个面弹出安装中心线、基础顶面线和地坪标高线。为了保证柱吊装后牛腿顶面标高的准确性，吊装前应进行杯底抄平。杯底抄平是对杯底标高进行的一次检查和调整，具体方法如下：①测出杯底的实际标高 h_1 和柱底至牛腿顶面的实际长度 h_2；②根据牛腿顶面的设计标高 h 与杯底实际标高 h_1 之差，可得柱底至牛腿顶面应有的长度 h_3（$h_3=h-h_1$）；③将其（h_3）与测得的实际长度 h_2 相减，得到施工误差即杯底标高应有的调整值 Δh（$\Delta h=h_3-h_2=h-h_1-h_2$），并在杯口内标出；④施工时用 1∶2 水泥砂浆或细石混凝土将杯底抹平至标高处。为使杯底标高调整值（Δh）为正值，柱基施工时，杯底标高控制值一般均要低于设计值 50 mm。

例如，柱牛腿顶面设计标高 +7.80 m，杯底设计标高 –1.20 m，柱基施工时，杯底标高控制值取 –1.25 m，施工后，实测杯底标高为 –1.23 m，量得柱底至牛腿面的实际长度为 9.01 m，则杯底标高调整值为 $\Delta h=h-h_1-h_2=7.80+1.23-9.01=+0.02$（m）。

（二）构件的运输和堆放

钢筋混凝土预制构件由预制厂运到施工现场，应根据工期、运距、构件本身的特性和现场的具体情况，选择合适的运输装卸机具设备，一般采用载重汽车或平板拖车。构件运输时，混凝土强度应不低于设计强度的 75%。为了保证构件运输时不发生损坏，放置的支撑位置和吊点布置都应按设计要求进行。构件进场应按平面设计图堆放，以避免二次搬运。叠放运输构件之间必须用隔板或垫木隔开；上、下垫木应在同一垂直线上，其数量应符合设计要求；运输道路应有足够的宽度和曲率半径。

（三）构件的拼装与加固

对于大型构件如天窗架、大跨度屋架等，为了方便运输、避免在扶直过程中损坏构件，应一次吊装就位，以减少起重设备负荷运行。大跨度屋架可在预制厂先按两个半榀进行预制，运到现场后再拼装成整体。构件的拼装方法有立拼和平拼。大跨度屋架采用直接在起吊位置立拼的方法。小跨度的构件如天窗架，则多采用平拼。小型构件在平面布置时，可考虑放置在大型构件之间，按照便于吊装、减少二次搬运和少占施工场地的原则确定运输和吊装方案。通常采用随吊随运的方法。

（四）构件的检查

为保证吊装工作能够顺利进行，构件吊装前应对所有构件进行一次全面检查。检查构件的型号、数量、外形尺寸，预埋件的尺寸与位置是否符合设计要求；有无缺陷、损伤、变形、裂缝等；混凝土强度是否满足吊装要求等。

（五）构件的弹线与编号

构件吊装前，经检查并清理完毕后应在表面弹出吊装准线，作为构件对位和校正的依据。对于形状比较复杂的构件，还应标出重心和绑扎点的位置。

柱型构件应在柱身的 3 个面弹出吊装准线。矩形截面柱以几何中心线为准线；对于"工"字形截面柱，为了便于观测并避免视差的影响，除在矩形截面部分弹出中心线外，还应在翼缘部分弹一条与中心线平行的线。柱身所弹吊装准线的位置应与基础杯口面上所弹的吊装准线相吻合。另外，在柱顶与牛腿面上还要弹出屋架和吊车梁的安装准线。

屋架的上弦顶面应弹出几何中心线，从跨中向两端应分别弹出天窗架、屋面板或檩条的吊装准线。端头应弹出屋架的纵、横吊装准线。

梁的两端与顶面应弹出几何中心线。

为了避免吊装时出错，在对构件进行弹线的同时应进行编号。对不易辨别上下、左右的构件，应在构件上加以注明。

二、构件安装工艺

（一）柱子的吊装

1.柱的绑扎

为了保证柱在吊装过程中不折断、不产生大变形，柱的绑扎方法、绑扎点数目与位置应按照起吊时由自重产生的正负弯矩绝对值基本相等且不超过柱的允许范围的原则，并根据柱的形状、断面、长度、配筋和起重机的性能等因素综合确定。

绑扎方法。按起吊后柱身是否垂直分为斜吊绑扎法和直吊绑扎法。当柱的宽面具有足够的抗弯能力时，可采用斜吊绑扎法。斜吊绑扎法是在平卧状态下绑扎柱子，不需要翻转直接从底模上进行起吊，起吊后呈倾斜状态。由于吊索在柱宽面一侧，起重钩可低于柱顶，起重高度可较小，对起重杆要求较小；但由于起吊后柱身与杯底不垂直，对位比较困难。

绑扎点数目与位置。一般情况下，中小型柱大多只绑扎一点。对于有牛腿的柱，吊点应在牛腿下 200 mm 处。重型柱或配筋少而细长的柱（如抗风柱），为了防止起吊时柱身断裂并减小吊装时的弯矩，应至少绑扎两点，并且应使吊索的合力点偏向柱重心上部。必要时，需验算吊装应力和裂缝宽度后再确定绑扎点数目与位置。"工"字形截面柱的绑扎点应选在矩形截面的实心处，否则应在绑扎位置用方木垫平。双肢柱的绑扎点应在平肢杆处。

当柱宽面抗弯能力不足时，可采用直吊绑扎法，吊装前必须将柱翻身后再绑扎起吊。起吊后，柱呈直立状态，吊钩要超过柱顶，吊索布置在柱两侧，因此需要铁扁担。起重高度要比斜吊法大，但是柱翻身后，刚度增大，抗弯能力增强，并且吊装时柱与杯口垂直，容易对位。

2. 柱的吊升

根据柱的重量、长度、起重机性能、现场条件等确定柱的吊升方法。按在吊升过程中柱的运动特点分为旋转法和滑行法；按采用起重机数量分为单机起吊和双机起吊。重型柱子有时采用双机起吊。

（1）单机旋转法

旋转法是起吊时，采用起重机同时升钩和旋转，使柱身绕柱脚旋转而逐渐直立的吊起方法。起重机将柱子吊离地面后，稍微旋转起重臂使柱子处于基础正上方，然后将其插入基础杯口。

为了方便操作，并保证起重臂不变幅，应保持柱脚位置不动，使柱基中心、柱脚中心和绑扎点均位于起重机同一起重半径的圆弧上，该圆弧的圆心为起重机的回转中心，半径为圆心到绑扎点的距离，并应使柱脚尽量靠近基础。若受施工现场条件限制，不能将柱的绑扎点、柱脚和柱基三者同时布置在同一圆弧上，则可采用绑扎点或柱脚与基础中心两点共弧。但是采用这种布置时，会使起重机在吊升过程中变幅，效率较低。

旋转法吊升具有柱受振动影响较小、生产效率较高的特点，但对平面布置和起重机的机动性要求较高，而且占地较大。当采用自行式起重机时，宜采用此法。

（2）单机滑行法

滑行法是在柱吊升时，起重机只升钩不转臂，使柱脚沿地面逐渐向吊钩方向滑行，直到柱身直立的起吊方法，起重机将柱吊离地面后稍微旋转起重臂使柱处于基础正上方，然后将其插入基础杯口。

采用滑行法同样要求三点共弧，并且柱的吊点应布置在杯口旁。滑行法对平面布置和起重机的机动性要求较低，但易出现振动。因此一般适用于柱较重、较长，而起重机在安全荷载下回转半径不够，或现场狭窄无法采用旋转法起吊，或采用桅杆式起重机吊装柱等情况。需要注意的是，宜在柱脚处设置托木、滚筒等，并铺设滑行道，以减小柱脚与地面的摩擦。

如果用双机抬吊重型柱，仍可采用旋转法（两点抬吊）或滑行法（一点抬吊）。滑行法中，为了使柱身不受振动，并避免在柱脚处加设防护措施，可在柱下端增设一台起重机，将柱脚递送到杯口上方，成为三机抬吊递送法。

3. 柱的对位与临时固定

如果柱采用直吊法，柱脚插入杯口后应悬离杯底适当距离进行对位。如果采用斜吊法，可在柱脚接近杯底时，在吊索一侧的杯口中插入两个楔子，再通过起重机回转进行对位。对位时应从柱四周向杯口放入 8 个楔块，并用撬棍拨动柱脚，使柱的吊装中心线对准杯口上的吊装准线，并使柱基本保持垂直。

柱对位后，应先把楔块稍打紧，再放松吊钩，检查柱沉至杯底后的对中情况，若符合要求，即可将楔块打紧作为柱的临时固定，然后起重钩便可脱钩。

吊装重型柱或细长柱时除需按上述进行临时固定外，必要时还应增设缆风绳拉锚。

4. 柱的校正与最后固定

柱的校正包括平面位置、标高和垂直度的校正。由于柱的标高已在基础杯底抄平时进行了校正，而平面位置已在临时固定时完成校正，因此柱的校正主要是垂直度的校正。

柱的垂直度检查可用两台经纬仪同时从柱的相邻两面观察柱的安装中心线是否垂直。垂直偏差的允许值为：柱高 $H \leqslant 5$ m 时为 5 mm；柱高 $H > 5$ m 时为 10 mm；当柱高 $H \geqslant 10$ m 时为 1/1 000 柱高，且不大于 20 mm。

当垂直偏差值较小时，可用敲打楔块或用钢钎来修正；当垂直偏差值较大时，可用千斤顶校正法、钢管撑杆斜顶法和缆风绳校正法等。钢柱可用柱子基础表面浇筑标高块的方法进行校正，一般标高块采用无收缩砂浆，立模浇筑（强度不低于 30 N/mm²），其上埋设厚度为 16~20 mm 的钢面板。

校正后应立即进行最后固定。用比柱身强度高一等级的细石混凝土浇筑在杯口与柱脚的空隙中，并振捣密实。浇筑混凝土应分两次进行，第一次浇至楔块底面，待混凝土强度达 25% 时拔去楔块，再将混凝土浇满杯口。待第二次浇筑的混凝土强度达 70% 后，方可吊装。

（二）吊车梁的吊装

吊车梁吊装时应两点对称绑扎，吊钩对准梁的重心，使其起吊后能保持水平。为了防止柱子受到碰撞，应在梁的两端设溜绳。对位时应缓慢降钩，对准梁端与牛腿顶面的吊装准线。由于吊车梁自稳性较好，一般不需采用临时固定措施，只用垫铁垫平后即可脱钩。但当梁高与底宽之比大于 4 时，为防止吊车梁倾倒，可用铁丝将梁临时绑在柱子上。

一般应在厂房结构校正和固定后，应进行吊车梁的校正，以免屋架安装时使其产生新的误差。对于较重的吊车梁，由于脱钩后校正困难，吊校可同时进行，但屋架固定后要复查一次。吊车梁校正的主要内容为标高、垂直度和平面位置。标高的校正已在基础杯底调整时基本完成，如仍有误差，可在铺轨时在吊车梁顶面抹一层砂浆进行找平。垂直度用锤球检查，偏差应在 5 mm 以内，可在支座处加铁片垫平。平面位置的校正主要检查直线度（使同一纵轴线上各梁的中线在一条直线上）和轨距（两列吊车梁中间的距离）是否符合要求。

（三）屋架的吊装

屋架结构一般是以节间为单位进行综合吊装，即安装好一榀屋架，即将这一节间的其他构件全部安装完成，再进行下一节间的安装。吊装顺序为绑扎、扶直就位、吊升、对位、临时固定、校正和最后固定。

1. 屋架的绑扎

屋架的绑扎点均应选在上弦节点处，左右对称，绑扎中心（各吊索内力的合力作用点）应高于屋架重心，以防屋架起吊后产生转动或倾翻。绑扎吊索与构件水平面所成夹角，扶直时不宜小于 60°，吊升时不宜小于 45°，以防止屋架承受过大的横向压力。必要时，可采用横吊梁。

具体的绑扎点数目和位置应根据屋架的跨度、形式，并综合设计要求进行确定。一般屋架跨度不大于 18 m 时，两点绑扎；跨度大于 18 m 时，用两根吊索四点绑扎；屋架的跨度不小于 30 m 时，为了减小起吊高度，应考虑采用横吊梁。组合屋架，其下弦为钢拉杆，整体性和侧向刚度较差，下弦不能承受过大压力，所以在绑扎时也应采用横吊梁，四点绑扎，并绑木杆加固下弦。

2. 屋架的扶直与就位

钢筋混凝土屋架或预应力混凝土屋架一般都是在施工现场平卧叠浇。因此，屋架在吊装前要扶直就位，即将平卧制作的屋架扶成竖立状态，然后吊放在预先设计好的地面位置上，准备起吊。

扶直时先将吊钩对准屋架平面中心，收紧吊钩后，起重臂稍抬起使屋架脱模。当叠浇屋架间有严重黏结时，为了防止屋架发生损坏，应采用撬杠撬或钢钎凿等方法，使其上下分开，因为屋架的侧向刚度很弱，不能硬拉。另外，需在屋架两端搭井字架或枕木垛，以避免屋架在扶直过程中突然下滑而损坏，使屋架由平卧转为竖立后置于上面。

按起重机与屋架预制时的相对位置分为正向扶直和反向扶直。正向扶直是起重机位于屋架下弦一边，反向扶直是起重机位于屋架上弦一边。两者的主要区别是扶直过程中前者升钩时起臂，后者则升钩时降臂。由于升臂比降臂容易操作，并且比较安全，因此在施工现场宜采用正向扶直法。

屋架扶直后应吊装就位，并用铁丝或木杆与已安装的柱子绑牢，以保持稳定。同侧就位是吊装就位与屋架预制位置在起重机开行路线同一侧；异侧就位是吊装就位与屋架预制位置分别在起重机开行路线各一侧。应根据施工现场条件确定就位方法。

3. 屋架的吊升、对位与临时固定

屋架的吊升方法有单机吊装和双机抬吊，一般采用单机吊装，仅当屋架质量较大，一台起重机不能满足吊装要求时才采用双机抬吊。

单机吊装屋架时，先将屋架吊离地面 500 mm，然后将屋架吊至吊装位置的下方，升钩将屋架吊至超过柱顶 300 mm，再将屋架缓降至柱顶，进行对位。屋架对位应以建筑物的定位轴线为准，并事先用经纬仪将建筑物轴线投放在柱顶面上。对位以后，立即进行临时固定，然后起重机脱钩。

屋架对位后是单片结构，侧向刚度较差，因此应充分重视屋架的临时固定。第一榀屋架的临时固定，可用四根缆风绳从两边拉牢，也可将屋架与抗风柱连接作为临时固定。第二榀屋架及其以后各榀屋架均可用屋架校正器临时固定在前一榀屋架上。每榀屋架至少用两个屋架校正器。

4.屋架的校正与最后固定

屋架的校正主要是对垂直度的校正，用经纬仪或垂球进行检查，用屋架校正器或缆风绳进行校正。

用经纬仪检查屋架垂直度时，在屋架上弦安装三个卡尺，一个安装在屋架中央，另两个安装在屋架两端，自屋架上弦几何中心线量出 500 mm，在卡尺上做出标志，然后在距屋架中线 500 mm 处的地面上设一台经纬仪，用其检查三个卡尺上的标志是否位于同一垂直面上。

用垂球检查屋架垂直度时，卡尺标志的设置与经纬仪检查方法相同，标志距屋架几何中心线的距离取 300 mm。在两端卡尺标志之间连一通线，从中央卡尺的标志处向下挂垂球，检查三个卡尺的标志是否在同一垂直面上。

若发现屋架存在竖直偏差，可转动屋架校正器的螺栓进行纠正，并在屋架两端的柱顶垫入斜垫铁。

屋架校正完毕，立即焊接固定。

（四）屋面板和天窗架的吊装

屋面板一般有预埋吊环，用带钩的吊索钩住吊环即可吊装。大型屋面板设有四个吊环，为了保证屋面板处于水平状态，起吊时四根吊索拉力应相等。为充分利用起重机的起重能力，提高工效，也可采用一钩多吊的方法。屋面板的安装应自两边檐口左右对称地逐块铺向屋脊，以防屋架荷载不均匀。屋面板对位后，应立即焊接固定。

天窗架可与屋架组合一起绑扎吊装，也可单独吊装。一般在天窗架两侧的屋面板吊装完成后进行，其吊装方法与屋架基本相同。

三、结构安装方案

单层厂房结构具有平面尺寸大、承重结构跨度和柱跨大、构件类型少、质量大、厂房内有各种设备基础等特点，这就决定了其安装工程施工方案应根据厂房的结构形式、跨度、构件的质量、安装高度、吊装工程量和工期要求，并考虑现有起重设备条件等因素综合确定，其主要内容包括结构安装方法、起重机的选择、起重机的开行路线及构件的平面布置等。

（一）结构安装方法

单层厂房结构安装方法有分件吊装法和综合吊装法。

1. 分件吊装法

起重机每开行一次，仅吊装一种或几种构件。一般分三次开行吊装完全部构件。第一次开行，吊装全部柱，并对其进行校正和最后固定；第二次开行，吊装吊车梁、联系梁和柱间支撑等；第三次开行，以节间为单位吊装屋架、天窗架、屋面板和屋面支撑等构件。

分件吊装法能够充分发挥起重机的工作性能，易于操作，吊装速度快，同时还能为后续工序提供充裕的时间，构件的供应和平面布置也比较简单。因此，一般单层厂房结构都采用这种方法。但是起重机开行路线长，形成结构空间的时间长，在安装阶段稳定性较差。

2. 综合吊装法

起重机一次开行，以节间为单位安装所有类型的结构构件。先吊装 4～6 根柱，然后立即进行校正和最后固定；吊装该节间的吊车梁、联系梁、屋架、天窗架、屋面板等构件。这种吊装方法具有起重机开行路线短、停机次数少、能及早交出工作面、为下一工序创造施工条件等优点。但由于同时吊装各类型的构件，不能充分发挥起重机的能力，索具更换频繁，不易操作，同时影响生产效率，校正及固定工作时间紧张，平面布置拥挤，一般情况下不宜采用这种方法。只有在使用移动困难的桅杆式起重机进行吊装时才采用此法。

（二）起重机的选择

1. 起重机类型的选择

起重机的类型应根据厂房的结构特点、跨度、构件重量、吊装高度与方法、现有起重设备条件等因素确定，要综合考虑其合理性、可行性和经济性。一般情况之下，中、小型厂房跨度不大，构件的重量及安装高度也不大，厂房内的设备多在厂房结构安装完毕后进行安装，因此宜采用自行杆式起重机，以履带式起重机最普遍。当缺乏上述起重设备时，可采用桅杆式起重机。大跨度重型厂房跨度大、构件重、安装高度大，厂房内的设备安装往往要同结构吊装穿插进行，因此一般采用大型自行杆式起重机和重型塔式起重机等配合使用。

2.起重机型号的选择

起重机的类型确定以后，应根据构件的尺寸、质量、安装高度确定其型号。起重机的工作参数起重量 Q、起重高度 H、起重半径 R 应满足构件吊装的要求。一台起重机一般都有多种不同长度的起重臂，当各构件的起重量和起重高度相差较大时，可选用同一型号的起重机，以不同臂长进行吊装，充分发挥起重机的性能。

（三）起重机开行路线和构件平面布置

起重机开行路线和构件平面布置与结构吊装方法、构件吊装工艺、构件尺寸和重量、构件的供应方式等因素有关。构件的平面布置不仅要考虑吊装阶段，而且要考虑预制阶段。一般柱的预制位置就是其吊装前的就位位置；而屋架则要考虑预制和吊装两个阶段的平面布置；吊车梁、屋面板等构件则要根据供应方式确定堆放位置。

1.柱吊装时的起重机开行路线和构件平面布置

（1）起重机开行路线

吊装柱时根据厂房跨度大小、柱的尺寸和质量、起重机性能等因素，起重机的开行路线有跨中开行、跨边开行和跨外开行三种方式。

（2）柱的平面布置

柱的现场预制位置就是吊装阶段的就位位置，有斜向布置和纵向布置两种方式。一般情况下，旋转法吊装采用斜向布置；滑行法吊装可采用纵向布置，也可采用斜向布置。

2.吊车梁吊装时的起重机开行路线和构件平面布置

吊车梁吊装时的起重机开行路线一般是在跨内靠边开行。若在跨中开行，一个停机点可吊两边的吊车梁。吊车梁一般在场外预制，有时也在现场预制；吊装前堆放在柱列附近或者随吊随运。

3.屋盖系统吊装时的起重机开行路线和构件平面布置

（1）屋架预制位置与屋架扶直就位时的起重机开行路线

屋架一般在跨内平卧叠浇预制，每叠 3～4 榀，有正面斜向、正反斜向、正反纵向三种布置方式。为了方便屋架的扶直排放，应优先考虑斜向布置。

屋架应先扶直并排放到吊装前就位位置准备吊装。屋架扶直就位时，起重机的开行路线为跨内开行，必要时还可负荷行走。

（2）屋架就位位置与屋盖系统吊装时的起重机开行路线

屋架的就位排放位置分为靠柱边斜向就位和靠柱边成组纵向就位两种。吊装屋架和屋盖结构中其他构件时，起重机均应跨中开行。斜向排放用于跨度和质量较大的屋架。

确定起重机开行路线和停机点。起重机跨中开行，在开行路线上定出吊装每榀屋架的停机点，即以屋架轴线中点 M 为圆心，以 R（$R \geq [L/4+（A-B）/2+150\ mm]$，$A$ 为起重机机尾长，B 为柱宽）为半径画弧与开行路线交于点 O，即为停机点。

确定屋架排放范围。屋架一般靠柱边排放。先定出 $P-P$ 线，该线距柱边缘不小于 200 mm；再定 $Q-Q$ 线，该线距开行路线不小于 $A+0.5$ m；在 $P-P$ 线与 $Q-Q$ 线之间定出中线 $H-H$ 线；屋架在 $P-P$、$Q-Q$ 线之间排放，其中点均应落在 $H-H$ 线上。

确定屋架排放位置。一般从第二榀开始，以停机点 O_2 为圆心，以 R 为半径画弧交 $H-H$ 于 G，G 即为屋架就位中心点。再以 G 为圆心，以 1/2 屋架跨度为半径画弧交 $P-P$、$Q-Q$ 于 E、F，连接 E、F 即为屋架吊装位置，依此类推。第一榀因有抗风柱，可灵活布置。

屋架的纵向排放方式主要用于质量较轻的屋架，起重机可负荷行驶。纵向排放一般以 4 榀为一组，靠柱边沿轴线排放，屋架之间的净距不小于 200 mm，相互之间用铁丝和支撑拉紧撑牢。每组屋架之间应留约 3 m 间距作为横向通道。每组屋架的跨中应安排在该组屋架倒数第二榀安装轴线之后约 2 m 处，以防止在吊装过程中与已安装好的屋架发生碰撞。

（3）屋面板就位堆放位置

屋面板的就位位置应根据起重机吊装时的起重半径进行确定，跨内跨外均可。一般情况下，当布置在跨内时，应后退 3～4 个节间；当布置在跨外时，应后退1～2 个节间开始堆放。

第三节　多层装配式房屋结构安装

多层装配式框架结构或装配整体式钢筋混凝土框架结构在多层工业建筑中仍

有采用。装配式框架是指柱、梁、板均由装配式构件组成，而装配整体式框架是指现浇柱、预制梁、板体系。装配式框架柱的长度主要取决于起重机械的起重能力，可以一层一节，也可两层、三层或四层一节。为了减少柱的接头，提高工作效率，应尽量加大柱的长度。

一、装配式框架结构安装

（一）构件的安装工艺

1. 柱的吊装

为了便于预制和吊装，各层柱的截面应尽量保持不变，而以调整配筋或混凝土强度等级来适应荷载的变化。柱的长度一般取 1 ~ 2 层楼高为一节，也可取 3 ~ 4 层为一节，根据起重机的性能进行确定。当采用塔式起重机时，柱长以 1 ~ 2 层楼高为宜；对于 4 ~ 5 层框架结构，采用履带式起重机时，可采用一节到顶的方案。柱与柱的接头宜设在弯矩较小处或梁柱节点，同时应考虑到施工方便。为了统一构件规格，减少构件型号，每层楼的柱接头宜设置在同一高度。

对于多层框架柱，由于长细比过大，吊装时必须合理选择吊点位置和吊装方法，必要时应对吊点进行吊装应力和抗裂度验算。一般情况下，当柱长不大于12 m 时采用一点绑扎，旋转法起吊；对长度为 14 ~ 20 m 的长柱则采用两点绑扎起吊。为了防止在吊装过程中构件受力不均而产生裂缝或断裂，应尽量避免采用多点绑扎。

框架底柱与基础杯口的连接与单层厂房相同。多层框架结构安装的关键是上下节柱的连接。其临时固定可用管式支撑。柱的校正需要进行 2 ~ 3 次。初校在脱钩后焊接前；二校在焊接后，以观测钢筋因焊接受热收缩不均而引起的偏差；三校在梁和楼板吊装后，以消除梁柱接头焊接所产生的偏差。

柱在校正过程中，如果垂直度和水平位移均有偏差，而垂直度偏差较大时，应先校正垂直度，然后再校正水平位移，以防柱倾覆。柱的垂直度偏差容许值为 $H/1\,000$（H 为柱高），且不大于 15 mm，水平位移容许偏差值在 ±5 mm 以内。

对于多层框架长柱，由于阳光照射，柱阴面和阳面会产生温差，而使柱产生弯曲形变，因此，在校正中应采取适当措施。如在无强烈阳光时（阴天、早晨、夜间）进行校正；同一轴线上的柱可选择第一根柱在无温差影响下校正，其余柱均以此柱为标准；校正柱时预留偏差等。

2. 构件接头

在多层装配式框架结构中，构件接头形式和施工质量直接影响整个结构的稳定性和刚度。因此，要选好柱与柱、柱与梁的接头形式。在接头施工时，应保证钢筋焊接和二次灌浆质量。

①柱与柱接头

柱的接头应满足可靠地传递轴向压力、弯矩和剪力，柱接头及其附近区段的混凝土强度等级不应低于构件强度等级。柱接头形式有榫式接头、浆锚式接头和插入式接头。

榫式接头是将上节柱的底部做成榫头状以承受施工荷载，同时上下柱各伸出一定长度的钢筋，吊装时对准上下柱钢筋，用剖口焊进行连接。钢筋焊接后支模板，用比柱混凝土强度高 25% 的细石混凝土进行接头灌筑，使上、下柱连成整体。

榫式接头具有整体性好、安装校正方便、耗钢量少、施工质量有保证的优点，是目前应用最广的一种接头形式。缺点是钢筋容易错位，焊接对柱的垂直度影响较大；二次灌浆混凝土量较大，同时在接缝处易形成收缩裂缝；若榫头尺寸较大，二次灌浆混凝土量较少，黏结性较差，不能与榫头共同工作。

施工时可采取如下措施以保证钢筋焊接和二次灌浆质量：增加接头钢筋的外伸长度，外伸长度越长，相应应变越小，焊接应力也越小；柱接头间铺 10~20 mm 厚的水泥砂浆垫层作为钢筋焊接收缩余地。一般上节柱裂缝较下节柱严重，因此钢筋坡口焊接位置宜选在距下节柱顶约 1/3 接头高度处；坡口应控制在规定范围内；提高接头混凝土强度等级或采用膨胀水泥、无收缩水泥，以提高新老混凝土黏结强度。

为了避免榫式接头的缺点，装配式框架柱也可采用钢筋不焊接的浆锚式接头形式。

浆锚式接头是在上节柱底部伸出四根长为 300~700 mm 的锚固钢筋，下节柱顶部预留四个深为 350~750 mm、孔径为 2.5~4 倍锚固钢筋直径的浆锚孔。安装上节柱时，先把浆锚孔清洗干净，并灌入强度等级在 M40 以上的快凝砂浆，在下柱顶面铺 10~15 mm 厚砂浆垫层，然后把上节柱的锚固钢筋插入孔内，使上、下柱连成整体。这种接头适用于纵向钢筋不多于 4 根的柱。

浆锚接头也可采用后灌浆或压浆工艺，即在上节柱的外伸锚固钢筋插入下节柱的浆锚孔后再进行灌浆，或用压浆泵把砂浆压入。浆锚接头避免了焊接工作带来的不利因素，但接头质量较焊接接头差。

浆锚接头施工时应保证钢筋的锚固长度，以保证弯矩的传递。柱截面尺寸不宜小于 400 mm×400 mm，接头二次灌浆宜用 1∶1 水泥砂浆。

插入式接头也是将上节柱做成榫头，但下节柱顶部做成杯口，上节柱插入杯口后用水泥砂浆填实成整体。其优点是不用焊接、安装方便、造价低，适用于截面较大的小偏心受压柱。但在大偏心受压时，必须采取构造措施以防受拉边产生裂缝。

②柱与梁接头

装配式框架结构中，柱与梁的接头可做成刚接，也可做成铰接。接头形式有明牛腿、暗牛腿、齿槽式、浇筑整体式等。

浇筑整体式刚性接头应用最广，具有整体性好、抗震性能高、制作简单、安装方便等优点，但施工较复杂、工序较多。其基本做法是：柱为每层一节，梁搁在柱上，梁底钢筋按锚固长度要求上弯或焊接。配上箍筋后，浇筑混凝土至楼板面，待强度达 10 N/mm^2 即可安装上节柱。上节柱与榫接头柱相似，但上、下柱的钢筋用搭接而不用焊接，搭接长度大于 20 倍柱钢筋直径。然后二次浇筑混凝土到上柱的榫头上方并留 35 mm 空隙，用 1∶1∶1 细石混凝土捻缝，即成梁柱刚性接头。

（二）结构的安装方案

1.结构的安装方法

①分件吊装法

分件吊装法按流水方式分为分层分段流水吊装法和分层大流水吊装法。分件吊装法的主要优点是：吊装、校正、焊接、灌浆等工序的流水作业便于组织安排；便于构件的供应和现场布置；能够减少起重机变幅和吊具的更换次数，提高吊装效率；操作安全方便。因此分件吊装法是装配式框架结构最常用的方法。

分层分段流水吊装法是将多层房屋划分为若干施工层，以一个楼层或两个楼层（柱子是两节一层时）为一个施工层，每个施工层再划分为若干个施工段，以便于构件吊装、校正、焊接、灌浆等工序的流水作业。

起重机在每一个吊装段内按照柱、梁、板的顺序分次进行吊装，每次吊装一种构件，直至该段的构件全部吊装完毕，再转移到另一段，待每一施工层各吊装段构件全部吊装完毕并固定后再吊装上一施工层构件，直至整个结构吊装完成。

施工层的划分应根据预制柱的长度、建筑物平面形状和尺寸、起重机的性能和开行路线、各个工序的施工时间等因素进行确定，应使吊装、校正、焊接各工序相互协调，同时要保证结构安装时的稳定性。施工层数目越多，柱的接头数目越多，吊装速度就越慢，施工也越麻烦，因此，在起重机的起重能力允许范围内应加大柱的预制长度，减少施工层数。一般情况下，大型墙板房屋以 1~2 个居住单元为一个吊装段，框架结构以 4~8 个节间为一个吊装段。

分层大流水吊装法是每个施工层不再划分吊装段，而按一个楼层组织各工序的流水。这种方法需要的临时固定支撑较多，适用于房屋面积不大的工程。

② 综合吊装法

综合吊装法是以一个柱网（节间）或若干个柱网（节间）为一个吊装段，以房屋全高为一个施工层组织各工序流水。起重机把一个吊装段的构件吊装至房屋全高，然后转入下一吊装段。

综合吊装法具有停机点少、开行路线短、各工种能够交叉平行流水作业、施工速度快、工程质量易于保证等优点。但是，由于要同时安装各种不同类型的构件，所以安装效率低，构件供应和平面布置复杂；构件校正和最后固定时间紧迫；构件校正工作较为复杂，混凝土柱与杯形基础接头的混凝土结硬需要一定的时间，柱的固定速度跟不上吊装速度。因此，目前已很少采用，只有限用于下列情况：采用履带式（或轮胎式）起重机跨内开行安装框架结构；采用塔式起重机而不能布置在房屋外侧进行吊装；房屋宽度大、构件重，只有把起重机布置在跨内才能满足吊装要求。

2. 起重机械的选择

① 起重机械的选择

多层房屋结构吊装机械的选择应根据工程结构特点（建筑物的层数和总高度）、建筑物平面形状和尺寸、构件特性和安装位置、现场实际条件、现有起重机械设备等因素确定。

目前多层房屋结构常用的吊装机械有履带式起重机、汽车式起重机、轮胎式起重机、塔式起重机等。

5 层以下的框架结构多采用自行式起重机，跨内开行，用综合吊装法进行吊装。多层房屋总高度在 25 m 以下，宽度在 15 m 以内，构件质量在 2~3 t 以下，一般可选用轻型塔式起重机。10 层以上的高层装配式结构，由于高度大，普通塔式起重机的安装高度不能满足要求，需采用爬升式或附着式自升塔式起重机。

②起重机械的布置

塔式起重机的布置应根据建筑物的平面形状、构件质量、起重机性能、施工现场地形等条件确定，通常有单侧布置和双侧（或环形）布置两种方案。双侧（或环形）布置适用于建筑物宽度较大（大于 17 m）或构件较重，单侧布置的起重力矩不能满足最远构件的吊装要求的情况。

当建筑物周围场地狭窄，起重机不能布置在建筑物外侧，或者由于构件较重而建筑物宽度又较大，塔式起重机在建筑物外侧布置不能满足构件吊装要求时，可将起重机布置在跨内，采用跨内单行布置或跨内环形布置。但由于跨内布置只能采用竖向综合吊装，结构稳定性差，而且，构件多布置在起重机回转半径之外，需要二次搬运，对建筑物外侧围护结构的吊装也比较困难。因此，应尽可能不用跨内布置方案，特别是环形布置。

3.构件的平面布置

多层装配式结构构件，除较重、较长的柱在现场就地预制外，其余构件通常都在预制厂集中预制，然后运至工地安装。因此，构件平面布置主要解决柱在现场预制阶段的布置问题。

构件的平面布置方式与房屋结构特点、吊装方法、起重机械的性能、构件的预制方法等有关，一般有下列三种布置方式：①平行布置。平行布置是最常用的布置方式，即柱身与轨道平行。为了减少柱接头偏差，可将几层高的柱通长叠浇预制。②斜向布置。斜向布置是柱身与轨道成一定角度，采用旋转法起吊，适用于较长柱。③垂直布置。垂直布置是柱身与轨道垂直，适用于起重机在跨中开行，吊点在起重机起重半径之内。

二、板柱结构安装

（一）升板法施工原理

升板法施工是指用提升设备建造多层钢筋混凝土板柱结构体系工程的一种施工方法，先吊装柱再浇筑室内地坪，然后以地坪为胎模就地叠浇各层楼板和屋面板，待混凝土达到规定强度后，再用装在柱上的提升设备以柱为支承通过吊杆将屋面板和各层楼板逐一交替提升至设计标高并加以固定。

升板法施工的优点是：各层板叠层浇筑,可以节约大量模板；高空作业少；工序简便，施工速度快；不需大型起重设备；节约施工用地，特别适合狭小场地或山区；柱网布置灵活；结构单一，装配整体式节点数量少。缺点是耗钢量大。

（二）提升设备

升板结构主要由板、柱、节点组成，其提升设备主要有提升机、吊杆、连接件等。提升机分为电动提升机和液压提升机。自升式电动螺旋千斤顶又称电动提升机或升板机，是借助联结器将吊杆与楼板联结，在提升过程中千斤顶能自行爬升，具有不影响柱稳定性、升差容易控制等优点，是我国目前使用最广泛的提升机，适用于柱网尺寸为 6 m×6 m、板厚在 20 cm 左右的升板结构。如不符合上述要求，则应用自动液压千斤顶。

电动螺旋千斤顶的自升过程是：在提升的楼板下面放置承重销，使楼板临时支承在放于休息孔内的承重销上；放下提升机底部的四个撑脚顶住楼板；去掉悬挂提升机的承重销；开动提升机使螺母反转，此时螺杆被楼板顶住不能下降，迫使提升机沿螺杆上升，待升到螺杆顶端时停止开动，插入承重销挂住提升架；取下螺杆下端支承，抽去板下承重销继续升板。

（三）升板法施工工艺

升板法施工工艺流程：施工基础、预制柱、吊装柱、浇筑地坪混凝土、叠浇板、安装提升设备、提升各层板、永久固定、后浇板带、围护结构施工、装饰工程施工。

1. 柱的预制和吊装

（1）柱的预制

升板结构的柱，多为施工现场就地预制。为了避免制作场地出现不均匀沉陷而使柱产生开裂变形，要求制作场地应平整坚实，具有足够的强度、刚度和稳定性。叠浇柱的柱间应涂隔离剂，在下层柱混凝土强度达到 5 N/mm² 后方可浇筑上层柱混凝土。

升板结构的柱子既是结构的承重构件，又在提升过程中起承重和导向的作用。因此除了使柱子满足设计强度要求外，还应严格控制柱的外形尺寸和预留孔的位置。一般柱的截面尺寸偏差不应超过 ±5 mm，侧向弯曲不超过 10 mm；柱顶与柱底表面要平整，并垂直于柱的轴线。柱的预埋件中心线偏差不应超过 5 mm，标高允许偏差为 ±3 mm。

柱上的预留就位孔位置是保证板正确就位的关键。孔底标高偏差不应超过 ±5 mm，孔的尺寸偏差不应超过 10 mm，轴线偏差不应超过 5 mm。柱子除预留就位孔外，还应预留停歇孔。停歇孔的间距，应根据起重螺杆的一次提升高度确定，一般为 1.8 m 左右，并尽量与就位孔一致，两者净距一般不宜小于 300 mm，其尺寸与质量要求与就位孔相同。

（2）柱的吊装

升板结构的柱一般较细长，吊装时应避免产生过大的弯矩。吊装前要逐一检查柱截面尺寸、预留孔位置与尺寸以及总长度和弯曲情况，并进行必要调整。吊装后，要保证柱底中线与轴线偏差不超过 5 mm，标高偏差不超过 ±5 mm，柱顶竖向偏差不应超过柱长的 1/1 000，且不大于 20 mm。

2. 板的制作

（1）地坪的处理

柱安装完成后，先做混凝土地坪，再以地坪为胎模依次叠浇各层楼板和屋面板。为了保证板的浇筑质量，并避免地基出现不均匀沉降，地坪地基应平整密实，特别是柱的周围部分，更应严格控制；为了减少板与地坪的黏结，地坪表面应光滑。如果地坪留有伸缩缝，应采取有效的隔离措施，以防止温度变化收缩造成板开裂。

（2）板的分块

当建筑物平面尺寸较大时，可根据结构平面布置和提升设备数量，将板划分为若干块，每块板为一提升单元。每一单元宜布置 20 ~ 24 根柱，形状应尽量方正，并避免阴角以防提升时开裂。提升单元间应留有宽度 1.0 ~ 1.5 m 的后浇板带，后浇板带的底模可悬挂在两边楼板上。

（3）板的类型

升板结构板的类型有平板式、密肋式和格梁式。

一般情况下，平板的厚度不宜小于柱网长边尺寸的 1/35，其具有构造简单、施工方便并能有效利用建筑空间等优点，缺点是刚度差、抗弯能力弱、耗钢量大，一般用于柱网孔小于 6 m 的升板建筑。

密肋板刚度较大，抗弯能力较强，柱网孔可扩大为 9 m，但施工工艺比较复杂。在肋间放置混凝土空盒或轻质填充材料，能够节省混凝土的用量，加大板的有效高度，最重要的是能显著降低用钢量。如果肋间无填充物，施工时肋间空隙可用特制的箱形模板或预制混凝土盒子，前者在楼板提升后可取下重复使用，后者作为板的组成部分之一。若肋间有填充物，施工时肋间以空心砖、煤渣砖或其他轻质混凝土材料填充。

格梁式结构只能就地预制各层格梁，提升前铺上预制的楼板，或者每灌筑一层格梁即铺上一层预制板，格梁板提升就位固定后，还需再整浇浇筑一次面层。这种结构刚度大，适用于荷载大、柱网孔大或楼层有开孔或集中荷载的房间。但施工较复杂，需用较多的模板，而且对提升设备的起重能力有较高的要求。

3. 板的提升

（1）提升准备和试提升

提升前的准备工作包括检查混凝土的强度是否达到要求；准备好足够数量的停歇销、钢垫片、楔子和大线锤等工具；在每根柱和提升环上测好水平标高，装好标尺；复查柱的竖向偏差等。

在正式提升前要进行试提升，以调整提升设备，保证提升设备具有共同的起点。脱模前先逐一开动提升机，使各螺杆具有相等的初应力。脱模方法有两种，第一种是先开动四角处提升机，使板离地 5～8 mm；再开动四周其余提升机，使板脱模，离地 5～8 mm；最后，开动中间的提机使楼板全部脱模，离地 5～8 mm。第二种是从边排开始，依次逐排使楼板脱模离地 5～8 mm。脱模后，启动全部提升机，提升到 30 mm 左右停止，接着调整各点提升高度，使楼板保持水平或形成盆状，并观察各提升点上升高度的标尺是否指向零点，同时检查提升设备的工作情况，准备正式提升。

（2）提升程序的确定和吊杆长度的排列

提升程序即各层板的提升顺序，直接关系到柱在施工阶段的稳定性。考虑到柱的稳定性要求和操作方便等因素，一般楼板不能一次提升就位，而是采用各层楼板依次交替提升的方法。提升应连续进行，若中间停歇，尽可能缩小板间的距离，使上层板处于较低位置，而将下层板固定在设计位置上以减少柱的自由长度；尽量减少螺杆和吊杆的拆卸次数，并便于安装承重销；为了提高柱的稳定性，应尽量压低提升机的安装位置。

起重螺杆长度有限，各层板在交替提升过程中所需吊杆的长度不同，因此应按照提升顺序作吊杆排列图。吊杆排列的总长度应根据提升机所在标高、螺杆长度、板的提升标高和一次提升高度等因素确定。自升式电动提升机的螺杆长度为

2.8 m，有效提升高度为 1.8～2.0 m，除螺杆与提升架连接处和板面上第一吊杆采用 0.3～0.6 m 和 0.9 m 短吊杆外，穿过楼板的连接吊杆以 3.6 m 为主，也有 4.2 m、3.0 m 和 1.8 m 的。

（3）提升差异的控制

在提升过程中，升板结构产生差异的原因主要是：调紧丝杆所产生的初始差异；群机共同工作不可能完全同步而产生的提升差异；板就位和中间搁置由承重销支承，提升积累误差和孔洞水平误差等导致承重销不在一个基准线上而产生的就位差异。

升板结构作一般提升时，板在相邻柱间的提升差异不应超过 10 mm，搁置差异不应超过 5 mm。为了避免板由于提升差异过大而产生的开裂现象，同时为了减小附加弯矩，降低耗钢量，近年来在升板施工中已广泛采用盆式提升和盆式搁置的方法。所谓盆式提升和盆式搁置，即在板的提升和搁置过程中，使板的四个角点和四周的点都比中间各点高。

4. 板的固定

板的固定方法有后浇柱帽节点、剪力块节点、承重销节点等，主要取决于板柱节点的构造。

后浇柱帽节点是将板搁置在承重销上就位，通过板面灌浆孔灌混凝土（一般为 C30 混凝土），构成后浇柱帽。该方法是目前升板结构中常用的一种固定方法。

剪力块节点是一种无柱帽节点，先在柱面上预埋加工成斜口的承力钢板，待板提升到设计位置后，在钢板与板的提升环之间用楔形钢板楔紧。该方法耗钢量大，铁件加工要求较高，仅在荷载较大且要求不带柱帽的升板结构中使用。

承重销节点也是一种无柱帽节点，是用加强的型钢或焊接工字钢插入柱的就位孔内作承重销，是悬臂部分的支承板，板与柱之间用楔块楔紧焊牢，使之传递弯矩。这种节点用钢量比剪力块少，且施工方便。

第四章　土木工程项目进度管理

第一节　土木工程项目进度管理概述

土木工程项目进度管理是土木工程项目建设中与土木工程项目质量管理、土木工程项目费用管理并列的三大管理。土木工程项目进度管理是保证土木工程项目按期完成，合理配置资源，确保土木工程项目施工质量、施工安全，节约投资，降低成本的重要措施，是体现土木工程项目管理水平的重要标志。

一、进度与工期

土木工程项目进度指土木工程项目实施的进展，土木工程项目实施过程中要消耗时间、劳动力、材料、费用等才能完成任务。通常土木工程项目的实施结果以项目任务的完成情况（土木工程的数量）来表达，但由于土木工程项目技术系统的复杂性，有时很难选定一个恰当的、统一的指标来全面反映土木工程的进度，土木工程实际进度与土木工程计划工期及费用不相吻合。在此意义上，人们赋予进度综合的含义：是将工期与土木工程实际进度、费用、资源消耗等统一起来，全面反映项目的实施状况。可以看出，工期和进度是两个既互相联系，又互相区别的概念。

工期常作为进度的一个指标（进度指标还可以通过土木工程活动的结果状态数量、已完成土木工程的价值量、资源消耗指标等描述），项目进度控制是目的，工期控制是实现进度控制的一个手段。进度控制首先表现为工期控制，有效的工期控制才能达到有效的进度控制；进度的拖延最终一定会表现为工期的拖延；对进度的调整常表现为对工期的调整，为加快进度，改变施工次序，增加资源投入，实现实际进度与计划进度在时间上的吻合，同时保持一定时间内土木工程实物与资源消耗量的一致性。

二、项目工期的影响因素

在土木工程项目的施工阶段，施工工期的影响因素一般取决于内部的技术因素和外部的社会因素。

土木工程内部因素（技术因素）包括：①土木工程性质、规模、高度、结构类型、复杂程度；②地基基础条件和处理的要求；③建筑装修装饰的要求；④建筑设备系统配套的复杂程度。

土木工程外部因素（社会因素）包括：①社会生产力，尤其是建筑业生产力发展的水平；②建筑市场的发展程度；③气象条件以及其他不可抗力的影响；④土木工程投资者和管理者的主观要求和决策；⑤施工计划和进度管理。

三、进度与费用、质量目标的关系

根据土木工程项目管理的基本概念和属性，土木工程项目管理的基本目标是在有效利用、合理配置有限资源，在确保土木工程项目质量的前提下，用较少的费用（综合资方的投资和施工方的成本）和较快的速度实现土木工程项目的预定目标。因此，土木工程项目的进度目标、费用目标、质量目标是实现土木工程项目基本目标的保证。三大目标管理互相影响，互相联系，共同服务于土木工程项目的总目标。同时，三大目标管理也是互相矛盾的。许多土木工程项目，尤其是大型重点建设项目，一般项目工期要求紧张，土木工程施工进度压力大，经常性地连续施工。为加快施工进度而进行的赶工，一般都会对土木工程施工质量和施工安全产生影响，并会增加成本。

综合土木工程项目目标管理与土木工程项目进度目标、费用目标和质量目标之间相互矛盾又统一协调的关系，在土木工程项目施工实践中，需要在确保土木工程质量的前提下，控制土木工程项目的进度和费用，实现三者有机统一。

四、目标工期的决策分析

（一）土木工程项目总进度目标

土木工程项目总进度目标指在项目决策阶段项目定义时确定的整个项目的进度目标。其范围为从项目开始至项目完成整个实施阶段，包括设计前准备阶段的工作进度、设计工作进度、招标工作进度、施工前准备工作进度、土木工程施工进度、土木工程物资采购工作进度、项目动用前的准备工作进度等。

土木工程项目总进度目标的控制是施工方项目管理的任务。在对其实施控制之前，需要对上述土木工程实施阶段的各项工作进度目标实现的可能性以及各项工作进度的相互关系进行分析和论证。

在设定土木工程项目总进度目标时，土木工程细节尚不确定，包括详细的设计图纸、有关土木工程发包的组织、施工组织和施工技术方面的资料，以及其他有关项目实施条件的资料。因此，在此阶段主要是对项目实施的条件和项目实施策划方面的问题进行分析、论证并进行决策。

（二）总进度纲要

大型土木工程项目总进度目标的核心工作是以编制总进度纲要为主，分析并论证总进度目标实现的可能性。总进度纲要的主要内容有：项目实施的总体部署；总进度规划；各子系统进度规划；确定里程碑时间点（主要阶段的开始和结束时间）的计划进度目标；总进度目标实现的条件和应采取的措施等。主要通过对项目决策阶段与项目进度有关的资料及实施的条件等资料的收集和调查研究，对整个土木工程项目的结构逐层分解，对建设项目的进度系统分解，逐层编制进度计划，协调各层进度计划的关系，编制总进度计划。当不符合项目总进度目标要求时，进行调整；当进度目标无法实现时，报告项目管理者进行决策。

（三）土木工程项目进度计划系统

土木工程项目进度计划系统由多个相互关联的进度计划组成。土木工程项目进度计划系统是项目进度控制的依据。各种进度计划编制所需要的必要资料是在项目进展过程中逐步形成的，因此项目进度计划系统的建立和完善是逐步形成的。土木工程项目进度计划系统可以按照不同的计划目的进行划分。

（四）施工项目目标工期

施工阶段是土木工程实体的形成阶段，做好土木工程项目进度计划并按计划组织实施，是保证项目在预定时间内建成并交付使用的必要工作，也是土木工程项目进度管理的主要内容。为了增强进度计划的预见性和进度控制的主动性，在确定土木工程进度控制目标时，必须全面细致地分析影响项目进度的各种因素，采用多种决策分析方法，制定一个科学、合理的土木工程项目目标工期：①以企业定额条件下的工期为施工目标工期；②以工期成本最优工期为施工目标工期；③以施工合同工期为施工目标工期。

在确定施工项目工期时,应充分考虑资源与进度需求的平衡,以确保进度目标的实现;还应考虑外部协作条件和项目所处的自然环境、社会环境、施工环境等。

第二节 土木工程项目进度控制措施

土木工程项目进度控制是项目管理者围绕目标工期的要求编制进度计划,付诸实施,并在实施过程中不断检查进度计划的实际执行情况,分析产生进度偏差的原因,进行相应调整和修改的过程。通过对进度影响因素实施控制及各种关系协调,综合运用各种可行方法、措施,将项目的计划工期控制在事先确定的目标工期范围之内。在兼顾费用、质量控制目标的同时,努力缩短建设工期。参与土木工程项目的建设单位、设计单位、施工单位、土木工程监理单位均可作为土木工程项目进度控制的主体。下面根据不同阶段不同的主要影响因素,提出针对性的土木工程项目进度控制措施。

一、进度目标的确定与分解

土木工程项目进度控制是土木工程项目进度计划指导土木工程建设实施活动,落实和完成计划进度目标的过程。土木工程项目管理人员根据土木工程项目实施阶段、土木工程项目包含的子项目、土木工程项目实施单位、土木工程项目实施时间等设立土木工程项目进度目标。影响土木工程项目施工进度的因素有很多,如人为因素、技术因素、机具因素、气象因素等,在确定施工进度控制目标时,必须全面细致地分析与土木工程项目施工进度有关的各种有利因素和不利因素。

(一)土木工程施工进度目标的确定

施工项目总有一个时间限制,即为施工项目的竣工时间要求,而施工项目的竣工时间就是施工阶段的进度目标。有了明确的目标以后,才能进行有针对性的进度控制。确定施工进度控制目标的主要依据有:建设项目总进度目标对施工工期的要求;施工承包合同要求、工期定额,类似土木工程项目的施工时间;土木工程难易程度和土木工程条件的落实情况、企业的组织管理水平和经济效益要求等。

（二）土木工程施工进度目标的分解

项目可按进展阶段的不同分解为多个层次，项目进度目标可据此分解为不同进度分目标。项目规模大小决定进度目标分解层次数，一般规模越大，目标分解层次越多。土木工程施工进度目标可以从以下几个方面进行分解：①按施工阶段分解；②按施工单位分解；③按专业工种分解；④按时间分解。

二、进度控制的流程和内容

由土木工程项目进度控制的含义，结合土木工程项目概况，土木工程项目经理部应按照以下程序进行进度控制。

（1）根据签订的施工合同的要求确定施工项目进度目标，明确项目分期分批的计划开工日期、计划总工期和计划竣工日期。

（2）逐级编制指导性施工进度计划，具体安排实现计划目标的各种逻辑关系（工艺关系、组织关系、搭接关系等），安排制订对应的劳动力计划、材料计划、机械计划及其他保证性计划。如果土木工程项目有分包人，还需编制由分包人负责的分包土木工程施工进度计划。

（3）在实施土木工程施工进度计划之前，还需要进行进度计划交底，落实相关的责任，并报请监理土木工程师提出开工申请报告，按监理土木工程师开工令进行开工。

（4）按照批准的土木工程施工进度计划和开工日组织土木工程施工。土木工程项目经理部首先要建立进度实施和控制的科学的组织系统及严密的工作制度，然后依据土木工程项目进度管理目标体系，对施工的全过程进行系统控制。在正常情况下，进度实施系统应发挥检测、分析职能并循环运行，即随着施工活动的进行，信息管理系统会不断将施工实际进度信息按信息流动程序反馈至进度管理者，经统计分析，确定进度系统无偏差后，系统继续进行。如发现实施进度与计划进度有偏差，系统将发挥调控职能，分析偏差产生的原因以及偏差对后续工作的影响和对总工期的影响，一般需要对原进度计划进行调整，提出纠正偏差方案和实施技术、经济、合同保证措施取得相关单位支持与配合的协调措施，确保采取的进度调整措施技术可行、经济合理后，将调整后的进度计划输入进度实施系统，施工活动继续在新的控制系统下运行。当出现新的偏差时，重复上述偏差分析、调整、运行的步骤，直到施工项目全部完成。

（5）施工任务完成后，总结并编写进度控制或管理的报告。

三、进度控制的方法和措施

土木工程项目进度控制本身就是一个系统土木工程，包括土木工程进度计划、土木工程进度检测和土木工程进度调整三个相互作用的系统工程。同样，土木工程项目进度控制的过程实质上也是对有关施工活动和进度的信息不断搜集、加工、汇总和反馈的过程。信息控制系统将信息输送出去，又将其作用结果返送回来，并对信息的再输出施加影响，起到控制作用，以期达到预定目标。

（一）土木工程项目进度控制方法

依照土木工程项目进度控制的系统土木工程理论、动态控制理论和信息反馈理论等，主要的土木工程项目进度控制方法有规划、控制和协调。土木工程项目进度控制目标的确定和分级进度计划的编制，为土木工程项目进度的"规划"方法，体现为土木工程项目进度计划的制定。土木工程项目进度计划的实施、实际进度与计划进度的比较和分析及出现偏差时采取的调整措施等，属于土木工程项目进度控制的"控制"方法，体现为土木工程项目的进度检测系统和进度调整系统。在整个土木工程项目的实施阶段，从计划开始到实施完成，进度计划、进度检测、进度调整，每一过程或系统都要充分发挥信息反馈的作用，实现与施工进度有关的单位、部门和工作队组之间的进度关系的充分沟通协调，此为土木工程项目进度控制的"协调"方法。

（二）土木工程项目进度控制措施

土木工程项目进度控制采取的主要措施有组织措施、管理措施、合同管理措施、经济措施和技术措施。

1.组织措施

组织是目标能否实现的决定性因素，为实现项目的进度目标，应充分健全项目管理的组织体系。

整个组织措施在实现过程中、在项目组织结构中，都需要有专门的工作部门和符合进度控制岗位资格的专人负责进度控制工作，在项目管理组织设计的任务分工表和管理职能分工表中标示和落实。

2. 管理措施

建设土木工程项目进度控制的管理措施涉及管理的思想、管理的方法、管理的手段、承发包模式、合同管理、信息管理和风险管理。

用土木工程网络计划的方法编制进度计划必须很严谨地分析和考虑工作之间的逻辑关系，通过土木工程计划网络可发现关键工作和关键路线，也可知道非关键工作可灵活使用的机动时间，有利于实现进度控制的科学化。

3. 合同管理措施

合同管理措施是指与分包单位签订施工合同的合同工期与项目有关进度目标的协调。承发包模式的选择直接关系到土木工程实施的组织和协调。为了实现进度目标，应选择合理的合同结构，避免过多的合同时间节点影响土木工程的进展。

4. 经济措施

经济措施是实现进度计划的资金保证措施。建设土木工程项目进度控制的经济措施主要涉及资金需求计划、资金供应计划和经济激励措施等。

5. 技术措施

技术措施主要是采取加快施工进度的技术方法，包括：尽可能地采用先进施工技术、方法和新材料、新工艺、新技术，保证进度目标的实现；落实施工方案，在发生问题时，能适时调整工作之间的逻辑关系，加快施工进度。

第五章　土木工程项目质量管理

第一节　土木工程项目质量管理概述

土木工程项目质量是基本建设效益得以实现的保证，是决定土木工程建设成果的关键。土木工程项目质量管理是为了保证达到土木工程合同规定的质量标准而采取的一系列措施、手段和方法，应当贯穿土木工程项目建设的整个寿命周期。土木工程项目质量管理是承包商在项目建造过程中对项目设计、项目施工进行的内部的、自身的管理。对于土木工程项目业主，土木工程项目质量管理可保证土木工程项目能够按照土木工程合同规定的质量要求，实现项目业主的建设意图，取得良好的投资效益。对于政府部门，土木工程项目质量管理可维护社会公众利益，保证技术性法规和标准贯彻执行。

一、土木工程项目质量管理

（一）土木工程项目质量管理与土木工程项目质量控制

1. 质量和土木工程质量

根据国家有关标准文件，质量是指一组固有特性满足要求（包括明示的、隐含的和必须履行的）的程度。质量不仅是指产品质量，也可以是某项活动或过程的工作质量，还可以是质量管理体系的运行质量；固有是指事物本身所具有的，或者存在于事物中的；特性是指某事物区别于其他事物的特殊性质，对产品而言，特性可以是产品的性能如强度等，也可以是产品的价格、交货期等。土木工程质量的固有特性通常包括使用功能、耐久性、可靠性、安全性、经济性，以及与环境协调性，这些特性满足要求的程度越高，质量就越好。

2. 土木工程项目质量形成的过程

土木工程项目质量是按照土木工程建设程序，经过土木工程建设的各个阶段逐步形成的。

土木工程项目质量形成的过程决定土木工程项目质量管理的过程。

3. 质量管理和土木工程质量管理

质量管理是在质量方面指挥和控制组织协调活动的管理，其首要任务是确定质量方针、质量目标和质量职责，核心是要建立有效的质量管理体系，并通过质量策划、质量控制、质量保证和质量改进四大支柱来确保质量方针、质量目标的实施和实现。其中，质量策划是通过制定质量目标并规定必要的进行过程和相关资源来实现质量目标；质量控制是致力于满足土木工程质量要求，为了保证土木工程质量满足土木工程合同、规范标准所采取的一系列措施、方法和手段；质量保证是通过提供质量要求得到信任；质量改进是增强满足质量要求的能力。质量管理也可以理解为：监视和检测；分析和判断；制定纠正措施；实施纠正措施。

就土木工程项目质量而言，土木工程项目质量管理是为达到土木工程项目质量要求所采取的作业技术和活动。土木工程项目质量要求主要表现为土木工程合同、设计文件、规范规定的质量标准。土木工程项目质量管理就是为了保证达到土木工程合同规定的质量标准而采取的一系列措施、手段和方法。

4. 质量控制和土木工程项目质量控制

根据国家有关标准文件，质量控制是质量管理的一部分，是致力于满足质量要求的一系列相关活动。这些活动主要包括：①设定标准，即规定要求，确定需要控制的区间、范围、区域；②测量结果，测量满足所设定标准的程度；③评价，即评价控制的能力和效果；④纠偏，对不满足设定标准的偏差及时纠正，保持控制能力的稳定性。

土木工程项目质量控制是为达到土木工程项目质量目标所采取的作业技术和活动，贯穿于项目执行的全过程；是在明确的质量目标和具体的条件下，通过行动方案和资源配置的计划、实施、检查和监督，进行质量目标的事前预控、事中控制和事后纠偏控制，实现预期质量目标的系统过程。

（二）土木工程项目的质量管理总目标

土木工程项目建设的各阶段对项目质量及项目质量的最终形成有直接影响。可行性研究阶段是确定项目质量目标和水平的依据，决策阶段确定项目质量目标和水平，设计阶段使项目的质量目标和水平具体化，施工阶段实现项目的质量目标和水平，竣工验收阶段保证项目的质量目标和水平，生产运行阶段保持项目的质量目标和水平。

由此可见，土木工程项目的质量管理总目标是在策划阶段进行目标决策时由业主提出的，是对土木工程项目质量提出的总要求，包括项目范围的定义、系统过程、使用功能与价值、应达到的质量等级等。同时，土木工程项目的质量管理总目标还要满足国家对建设项目规定的各项土木工程质量验收标准，以及用户提出的其他质量方面的要求。

（三）土木工程项目质量管理的责任体系

在土木工程项目建设中，参与土木工程项目建设的各方，应根据合同、协议及有关文件的规定承担相应的质量责任。

土木工程项目质量控制按其实施者不同，分为自控主体和监控主体。前者指直接从事质量职能的活动者；后者指对他人质量能力和效果的监控者。土木工程项目质量的责任体系如下。

1. 政府

政府监督机构的质量管理是指政府建立的土木工程质量监督机构，根据有关法规和技术标准，对本地区（本部门）管辖范围内的土木工程质量进行监督检查，维护社会公共利益，保障技术性法规和标准的贯彻执行。

2. 建设单位

建设单位根据土木工程项目的特点和技术要求，按有关规定选择具有相应资格等级的勘察设计单位和施工单位，签订承包合同。合同中应用相应的质量条款，并明确质量责任。建设单位对其选择的勘察设计、施工单位发生的质量问题承担相应的责任。

建设单位在土木工程项目开工前，应办理有关土木工程质量监督手续，组织设计单位和施工单位进行设计交底和图纸会审；在土木工程项目施工中，按有关法规、技术标准和合同的要求和规定，对土木工程项目质量进行检查；在土木工程项目竣工后，及时组织有关部门进行竣工验收。

建设单位按合同的约定采购供应的建筑材料、构配件和设备，应符合设计文件和合同要求，对发生的质量问题需承担相应的责任。

3. 勘察设计单位

勘察设计单位应在其资格（资质）等级范围内承接土木工程项目。

勘察设计单位应建立健全质量管理体系，加强设计过程的质量控制，按国家现行的有关法律、法规、土木工程设计技术标准和合同的规定进行勘察设计工作，建立健全设计文件的审核会签制度，并对所编制的勘察设计文件的质量负责。

勘察设计单位的勘察设计文件应当符合国家规定的勘察设计深度要求，并应注明土木工程的合理使用年限。设计单位应当参与建设土木工程质量事故的分析，并对设计造成的质量事故提出相应的技术处理方案。

4. 监理单位

监理单位应在其资格等级和批准的监理范围内承接监理业务。

监理单位编制应监理土木工程的监理规划，并按土木工程建设进度，分专业编制土木工程项目的监理细则，按规定的作业程序和形式进行监理；按照监理合同的约定、相关法律法规等的规定，对土木工程项目的质量进行监督检查；若土木工程项目中设计、施工、材料供应等不符合相关规定，应要求责任单位进行改正。

监理单位对所监理的土木工程项目承担己方过错造成的质量问题的责任。

5. 施工单位

施工单位应在其资格等级范围内承担相应的土木工程任务，并对承担的土木工程项目的施工质量负责。

施工单位应建立健全质量管理体系，落实质量责任制，加强施工现场的质量管理，对竣工交付使用后的土木工程项目进行质量回访和保修，并提供有关使用、维修和保养的说明。

实行总包的土木工程，总包单位对土木工程质量、采购设备的质量以及竣工交付使用后的土木工程项目的保修工作负责；实行分包的土木工程，分包单位要对其分包的土木工程质量和竣工交付使用后的土木工程项目的保修工作负责。总包单位对分包土木工程的质量与分包单位承担连带责任。

施工单位施工完成的土木工程项目的质量应符合现行的有关法律、法规、技术标准、设计文件、图纸和合同规定的要求，具有完整的土木工程技术档案和竣工图纸。

（四）土木工程项目质量管理的原则

建设项目的各参与方在土木工程质量管理中，应遵循以下几条原则：坚持质量第一的原则；坚持以人为核心的原则；坚持以预防为主的原则；坚持质量标准的原则；坚持科学、公正、守法的职业道德规范的原则。

（五）土木工程项目质量管理的思想和方法

土木工程项目质量具有影响因素多、质量波动大、质量变化快、隐蔽土木工程多、成品检验局限性大等特点，基于土木工程项目质量的这些特点，土木工程项目质量管理的思想和方法有以下几种。

1.PDCA 循环原理

所谓 PDCA，即计划（plan）、实施（do）、检查（check）和处置（action）。土木工程项目的质量控制是一个持续的过程，首先在提出质量目标的基础上，制定实现目标的质量控制计划，有了计划，便要加以实施，将制定的计划落实到位，在实施过程中，必须经常进行检查、监控，以评价实施结果是否与计划一致，最后，对实施过程中出现的土木工程质量问题进行处理，这一过程就是 PDCA 循环。

PDCA 循环是建立质量体系和进行质量管理的基本方法。每一次循环都围绕着实现预期的目标，进行计划、实施、检查和处理活动，随着对存在问题的解决和改进，质量水平在一次一次的滚动循环中逐步上升。

2.三阶段控制原理

土木工程项目各个阶段的质量控制，按照控制工作的开展与控制对象实施的时间关系，均可概括为事前控制、事中控制和事后控制。

事前、事中和事后三个阶段的控制不是孤立的，它们之间构成有联系的系统过程，实质上也就是 PDCA 循环的具体化，并在每一次滚动循环中不断提高，达到质量控制的持续改进。

3.三全控制原理

三全控制原理是指在企业或组织最高管理者的质量方针指引下，实行全面、全过程和全员参与的质量管理。

（1）全面质量管理

全面质量管理是建设土木工程项目参与各方所进行的土木工程项目质量管理的总称，其中包括对土木工程（产品）质量和工作质量的全面管理。全面质量管理要求参与土木工程项目的建设单位、勘察单位、设计单位、监理单位、施工总承包单位、施工分包单位、材料设备供应商等，都有明确的质量控制活动内容。任何一方，任何环节的怠慢疏忽或质量责任不到位都会对土木工程质量造成不利影响。

（2）全过程质量管理

全过程质量管理是指根据土木工程质量的形成规律，从源头抓起，全过程推进。全过程质量控制必须体现预防为主、不断改进和为顾客服务的思想，要控制的主要过程有：项目策划与决策过程；勘察设计过程；施工采购过程；施工组织与准备过程；检测设备控制与计量过程；施工生产的检验试验过程；土木工程质量的评定过程；土木工程竣工验收与交付过程；土木工程回访维修服务过程等。

（3）全员参与质量管理

全员参与质量管理是指按照全面质量管理的思想，组织内部的每个部门和工作岗位都承担着相应的质量管理职能，组织的最高管理者确定了质量方针和目标后，就应组织和动员全体员工参与到实施质量方针的系统活动中，发挥自己的角色作用。开展全员参与质量管理的重要手段就是运用目标管理方法，将质量总目标逐级进行分解，使之形成自上而下的质量目标分解体系和自下而上的质量目标保证体系，发挥组织系统内部每个工作岗位、部门或团队在实现质量总目标过程中的作用。

二、土木工程项目质量控制基准与质量管理体系

（一）土木工程项目质量控制基准

土木工程项目质量控制基准是衡量土木工程质量、工序质量和工作质量是否合格或满足合同规定的质量标准，主要有技术性质量控制基准和管理性质量控制基准两大类。

技术性质量控制基准，指合同规定选用和法定采用的质量技术标准，包括项目设计要求、设计规范、设计文件、设备材料规格标准、施工规范、质量评定标准、试车规程等。

管理性质量控制基准，指为保证质量达到合同文件规定的技术标准要求而设立的质量管理标准，也称为项目质量体系。包括业主方（含监理方）和承包方（含设计方、供应商）为保证实现项目建设质量目标分别建立的质量监控系统和质量保证体系。

土木工程项目质量控制基准是业主和承包商在协商谈判的基础上，以合同文件的形式确定下来的，是处于合同环境下的质量标准。土木工程项目质量控制基准的建立应当遵循以下原则：①符合有关法律、法规的规定；②达到土木工程项

目质量目标,让用户满意;③保证一定的先进性;④加强预防性;⑤照顾特定性,坚持标准化;⑥不追求过剩质量,追求经济合理性;⑦有关标准应协调配套;⑧与国际标准接轨;⑨做到程序简化和职责清晰,可操作性强。

(二)企业质量管理体系的建立与认证

企业质量管理体系是企业为实施质量管理而建立的管理体系,通过第三方质量认证机构的认证,为该企业的土木工程承包经营和质量管理奠定基础。

1. 质量管理体系的建立程序

(1)建立质量管理体系的组织策划

建立质量管理体系的组织策划包括领导决策、组织落实、制定工作计划、进行宣传教育和培训等。

(2)质量管理体系总体设计

质量管理体系总体设计包括制定质量方针和质量目标,对企业现有质量管理体系进行调查评价,对骨干人员进行建立质量管理体系前的培训。

(3)质量管理体系的建立

企业质量管理体系的建立是指在确定市场及顾客需求的前提下,按照八项质量管理原则制定企业的质量方针、质量目标、质量手册、程序文件、质量记录等体系文件,并将质量目标分解落实到相关层次,相关岗位的职能和职责中,形成企业质量管理体系的执行系统的过程。企业质量管理体系包括完善组织机构,配置所需资源。

(4)质量管理体系文件编制

质量管理体系文件编制包括对质量管理体系文件进行总体设计、编写质量手册、编写质量管理体系程序文件、设计质量记录表式、审定和批准质量管理体系文件等。

(5)质量管理体系运行

企业质量管理体系在生产及服务的全过程中,按质量管理体系文件所制定的程序、标准、工作要求及目标分解的岗位职责进行运作。在质量体系的运行过程中,需要切实对目标实现中的各个过程进行控制和监督,与确定的质量标准进行比较,对于发现的质量问题及时纠偏,使这些过程达到计划工程质量的结果并实现对过程的持续改进。质量管理体系运行包括实施质量管理体系运行的准备工作、质量管理体系运行。

（6）企业质量管理体系的认证

质量认证制度是由第三方认证机构对企业的产品及质量体系做出正确可靠的评价，从而使社会对企业的产品建立信心。第三方质量认证制度自 20 世纪 80 年代以来得到世界各国的普遍重视，对供方、需方、社会和国家的利益都具有以下重要意义：提高供方企业的质量信誉；促进企业完善质量体系；增强国际市场竞争能力；减少社会重复检验和检查费用；有利于保护消费者利益；有利于法规的实施。

（7）获准认证后的维持与监督管理

获准认证后，企业应通过经常性的内部审核，维持质量管理体系的有效性，并接受认证机构对企业质量管理体系实施的监督管理。

2. 企业质量管理体系文件构成

（1）质量手册

质量手册是建立质量管理体系的纲领性文件，应具备指令性、系统性、协调性、先进性、可行性和可检查性。质量手册的内容主要包括：企业的质量方针、质量目标；组织机构，以及质量职责；体系要素或基本控制程序；质量手册的评审、修改和控制的管理办法。其中质量方针和质量目标是企业质量管理的方向目标，是企业经营理念的反映，应反映用户及社会对土木工程质量的要求，以及企业相应的质量水平和服务承诺。

（2）程序性文件

程序性文件是指企业为落实质量管理工作而建立的各项管理标准、规章制度，通常包括活动的目的、范围，以及具体实施步骤。各类企业的程序文件中都应包括以下程序：①文件控制程序；②质量记录管理程序；③内部审核程序；④不合格品控制程序；⑤纠正措施控制程序；⑥预防措施控制程序。

（3）质量计划

质量计划是对土木工程项目或承包合同规定专门的质量措施、资源和活动顺序的文件，用于保证土木工程项目建设的质量，需要针对特定土木工程项目具体编制。

（4）质量记录

质量记录是产品质量水平和质量体系中对各项质量活动进程及结果的客观反映，对质量体系程序文件所规定的运行过程及控制测量检查的内容应如实加以记录，用以证明产品质量达到合同要求及质量保证的满足程度。

质量记录应完整地反映质量活动实施、验证和评审的情况，并记载关键活动的过程参数，具有可追溯性。质量记录以规定的形式和程序进行，并有实施、验证、审核等内容。

3. 企业质量管理体系的认证程序

（1）申请和受理

具有法人资格，已按国家标准或其他国际公认的质量体系规范建立了文件化的质量管理体系，并在生产经营全过程贯彻执行的企业可提出申请。申请单位须按要求填写申请书。认证机构经审查符合要求后接受申请，如不符合要求则不接受申请，接受或不接受均应发出书面通知书。

（2）审核

认证机构派出审核组对申请方质量管理体系进行检查和评定，包括文件审查、现场审核，并提出审核报告。

（3）审批与注册发证

体系认证机构根据审核报告，经审查决定是否批准认证。对批准认证的组织颁发质量管理体系认证证书，并将企业组织的有关情况注册公示，准予组织以一定方式使用质量管理体系认证标志。企业质量管理体系认证的有效期为 3 年

4. 企业质量管理体系的维持和监督管理内容

（1）企业通报

认证合格的企业质量管理体系在运行中出现较大变化时，应当向认证机构通报。认证机构接到通报后，根据具体情况采取必要的监督检查措施。

（2）监督检查

认证机构对认证合格单位质量管理体系维持情况进行监督性现场检查，包括定期和不定期的监督检查。定期检查通常是每年一次，不定期检查视需要临时安排。

（3）认证注销

注销是企业的自愿行为。在企业质量管理体系发生变化或证书有效期届满未提出重新申请等情况下，认证持证者提出注销的，认证机构应予以注销，收回该体系认证证书。

（4）认证暂停

认证暂停是认证机构对获证企业质量管理体系发生不符合认证要求的情况时采取的警告措施。认证暂停期间，企业不得使用质量管理体系认证证书。企业在规定期间采取纠正措施满足规定条件后，认证机构撤销认证暂停；若仍不能满足认证要求，将被撤销认证注册并收回认证证书。

（5）认证撤销

当获证企业发生质量管理体系严重不符合规定，或在认证暂停的规定期限内未予整改，或发生其他构成撤销体系认证资格的情况时，认证机构应做出认证撤销的决定。企业如有异议可提出申诉。认证撤销的企业一年后方可重新提出认证申请。

（6）复评

认证合格有效期满前，如企业愿继续延长，可向认证机构提出复评申请。

（7）重新换证

在认证证书有效期内，出现体系认证标准变更、体系认证范围变更、体系认证证书持有者变更，可按规定重新换证。

第二节　土木工程项目质量控制

土木工程项目的实施是一个长期的过程，任何一个方面出现问题都会影响后续的质量，进而影响土木工程的质量目标。要实现土木工程项目质量的目标，建设高质量的土木工程，必须对整个土木工程项目过程实施严格的质量控制。

一、土木工程项目质量影响因素

土木工程项目质量管理涉及土木工程项目建设的全过程，而在土木工程建设的各个阶段，其具体控制内容不同，但影响土木工程项目质量的主要因素可概括为人（man）、材料（material）、机械（machine）、方法（method）及环境（environment）五个方面，即4M1E。因此，保证土木工程项目质量的关键是对这五大因素进行严格控制。

（一）人的因素

此处"人"指的是直接参与土木工程建设的决策者、组织者、管理者和作业者。人的因素影响主要是指上述人员的个人素质、理论与技术水平、心理生理状况等对土木工程质量造成的影响。在土木工程质量管理中，对人的控制具体来说就是应加强思想政治教育、劳动纪律教育、职业道德教育，以增强人的责任感，建立正确的价值观；加强专业技术知识培训，提高人的理论与技术水平；通过改善劳动条件，遵循因材适用、扬长避短的用人原则，建立公平合理的激励机制等措施，充分调动人的积极性；通过不断提高参与人员的素质和能力，避免人的行为失误，发挥人的主导作用，保证土木工程项目质量。

（二）材料的因素

材料包括原材料、半成品、成品、构配件等。各类材料是土木工程施工的物质条件，材料质量是土木工程质量的基础。因此，加强对材料质量的控制，是保证土木工程项目质量的重要基础。

对土木工程材料的质量控制，主要应从以下几方面着手：①采购环节。择优选择供货厂家，保证材料来源可靠。②进场环节，做好材料进场检验工作，控制各种材料进场验收程序及质量文件资料，确保进场材料质量合格。③材料进场后，加强仓库保管工作，合理组织材料使用，健全现场材料管理制度。④材料使用前，对水泥等有使用期限的材料再次进行检验，防止使用不合格材料。

材料质量控制的内容主要有材料的质量、材料的性能、材料取样、材料的适用范围和施工要求等。

（三）机械设备的因素

机械设备包括工艺设备、施工机械设备和各类机器具。其中，组成土木工程实体的工艺设备和各类机具，如各类生产设备、装置和辅助配套的电梯、泵机，以及通风空调和消防、环保设备等，是土木工程项目的重要组成部分，其质量的优劣直接影响土木工程中功能的发挥。施工机械设备是指施工过程中使用的各类机具设备，包括运输设备、吊装设备、操作工具、测量仪器、计量器具，以及施工安全设备，是所有施工方案得以实施的重要物质基础，合理选择和正确使用施工机械设备是保证施工质量的重要措施。

应根据土木工程具体情况，从设备选型、购置、检查验收、安装、试车运转等方面对机械设备加以控制。应按照生产工艺,选择能充分发挥效能的设备类型,并按选定型号购置设备;设备进场时,应按照设备的名称、规格、型号、数量的清单检查验收;进场后,应按照相关技术要求和质量标准安装机械设备,并保证设备试车运行正常,能配套投产。

(四)方法的因素

方法指在土木工程项目建设整个周期内所采取的技术方案、工艺流程、组织措施、检测手段、施工组织设计等。技术工艺水平的高低直接影响土木工程项目质量。因此,结合土木工程实际情况,从资源投入、技术、设备、生产组织、管理等问题入手,对项目的技术方案进行研究,采用先进合理的技术、工艺,完善组织管理措施,可以提高土木工程质量、加快进度、降低成本。

(五)环境的因素

环境主要包括现场自然环境、土木工程管理环境和劳动环境。环境因素对土木工程质量的影响具有复杂多变和不确定性。现场自然环境因素主要指土木工程地点地质、水文、气象条件,周边建筑、地下障碍物,以及其他不可抗力等会对施工质量产生影响的因素。这些因素会不同程度地影响土木工程项目施工的质量控制和管理。如在寒冷地区冬期施工措施不当,会影响混凝土强度,进而影响土木工程质量。对此,应针对土木工程特点,相应地拟定季节性施工质量和安全保证措施,以免土木工程质量受到冻融、干裂、冲刷、坍塌的危害。土木工程管理环境因素指施工单位质量保证体系、质量管理制度、各参建施工单位之间的协调等因素。劳动环境因素主要指施工现场的排水条件,各种能源介质供应,施工照明、通风、安全防护措施,施工场地空间条件和通道,交通运输和道路条件等因素。

对影响质量的环境因素主要是根据土木工程特点和具体条件,采取有效措施,严加控制。施工人员要尽可能全面地了解可能影响施工质量的各种环境因素,采取相应的事先控制措施,确保土木工程项目的施工质量。

二、土木工程项目设计阶段与施工方案的质量控制

设计阶段是将项目已确定的质量目标和质量水平具体化的过程,其水平直接关系到整个项目资源能否合理利用、工艺是否先进、费用是否合理、与环境是否协调等。设计成果决定着项目质量、工期、投资、成本等,决定着项目建成后的

使用价值和功能。因此，设计阶段是影响土木工程项目质量的决定性环节。设计阶段质量控制涉及面广，影响因素多。

（一）设计阶段质量控制及评定的依据

设计阶段质量控制及评定的依据如下：①有关土木工程建设质量管理方面的法律、法规；②经国家决策部门批准的设计任务书；③签订的设计合同；④经批准的项目可行性研究报告、项目评估报告；⑤有关建设主管部门核发的建设用地规划许可证；⑥建设项目技术、经济、社会协作等方面的数据资料；⑦有关的土木工程建设技术标准，各种设计规范以及有关设计参数的定额、指标等。

（二）设计阶段的质量控制

在设计准备阶段，通过组织设计招标或方案竞选，择优选择设计单位，以保证设计质量。在设计方案审核阶段应保证项目设计符合设计纲要的要求，符合国家相关法律、法规、方针、政策；保证专业设计方案工艺先进、总体协调；保证总体设计方案经济合理、可靠、协调；满足决策质量目标和水平；使设计方案能够充分发挥土木工程项目的社会效益、经济效益和环境效益。在设计图纸审核阶段，保证施工图符合现场的实际条件，其设计深度能满足施工的要求。

（三）施工方案的质量控制

施工方案是根据具体项目拟订的项目实施方案，包括施工组织方案、技术方案、安全方案、材料供应方案等。其中，组织方案包括职能机构构成、施工区段划分、劳动组织等；技术方案包括施工工艺流程、方法、进度安排、关键技术预案等；安全方案包括安全总体要求、安全措施、重大施工步骤安全员预案等。因此，施工方案设计水平不仅影响施工质量，对土木工程进度和成本也有重要影响。对施工方案的质量控制主要包括以下内容：①全面正确地分析土木工程特征、技术关键及环境条件等资料，明确质量目标、质量水平、验收标准、控制的重点和难点；②制定合理有效的施工组织方案和施工技术方案；③合理选用施工机械设备和施工临时设备，合理布置施工总平面图和各阶段施工平面图；④选用和设计保证质量和安全的模具、脚手架等施工设备。⑤编制土木工程所采用的新技术、新工艺、新材料的专项技术方案和质量管理方案。⑥根据土木工程具体情况，编写气象、地质等环境因素对施工的影响及其应对措施。

三、土木工程项目工序质量控制

土木工程项目施工过程是由一系列相互关联、相互制约的施工工序组成的，而土木工程实体的质量是在施工过程中形成的。因此，只有严格控制每道施工工序的质量，才能保证土木工程项目实体的质量，对工序的质量控制是施工阶段质量控制的基础和重点。

（一）工序质量控制的内容

工序质量控制主要包括对工序活动条件的控制和对工序活动效果的控制两个方面。

1. 对工序活动条件的控制

工序施工条件是指从事工序活动的各生产要素质量及生产环境条件。对工序活动条件的控制，应当依据设计质量标准、材料质量标准、机械设备技术性能标准、施工工艺标准及操作规程等，通过检查、测试、试验、跟踪监督等手段，对工序活动的各种要素质量和环境条件影响进行控制。

在工程施工前，对人、材、机进行严格控制，保证施工操作人员符合上岗要求，保证材料质量符合标准、施工设备符合施工需要；在施工过程中，对施工方法、工艺、环境等进行严格控制，注意各因素的变化，对不利于工序质量方面的变化进行及时控制或纠正。在各种因素中，材料及施工操作是最易变的因素，应予以特别监督与控制，使其质量始终处于控制之中，保证土木工程质量。

2. 对工序活动效果的控制

对工序活动效果的控制主要反映在对工序产品质量性能的特征指标的控制上，属于事后控制，主要是指对工序活动的产品采取一定的检测手段获取数据，通过对所获取的数据进行统计分析，判定质量等级，并纠正偏差，其控制步骤为实测、分析、判断、纠偏或认可。

（二）工序质量控制实施要点

工序活动的质量控制工作，应当分清主次、抓住关键，依靠完善的质量保证体系和质量检查制度完成施工项目工序活动的质量控制，其实施要点主要体现在以下四个方面。

1. 确定工序质量控制计划

工序质量控制计划是以完善的质量标准体系和质量检查制度为基础的，故监理单位和施工单位应共同遵守工序质量控制计划要明确规定质量控制的工作内容和质量检查制度。项目施工前，要对施工质量控制制定计划，但这种计划一般较简略。在每一分部、分项土木工程施工前，还应制定详细的工序质量控制计划，明确其控制的重点和难点。对某些重要的控制点，还应具体计划作业程序和有关参数的控制范围。同时，通常要求每道工序完成后，对工序质量进行检查，当工序质量经检验被认定合格后，才能进行下道工序。

2. 进行工序分析，分清主次，重点控制

工序分析是在众多影响工序质量的因素中，找出对特定工序或关键的质量特性指标起支配作用或具有重要影响的因素。在工序施工中，针对这些主要因素制定具体的控制措施及质量标准，进行积极主动的、预防性的具体控制。如在振捣混凝土这一工序中，振捣的插点和振捣时间是影响工序质量的主要因素。

3. 对工序活动实施动态控制跟踪

影响工序活动质量的因素可能表现偶然或随机性，也可能表现系统性。当其表现为偶然性或随机性时，工序产品的质量特征数据会以平均值为中心上下波动，呈随机性变化，工序产品质量整体基本稳定。如材料上的微小差异、施工设备运行时的正常振动、检验误差等。当其表现系统性时，工序产品质量特征数据方面会出现异常大的波动或离散，其数据呈一定的规律性或倾向性变化，这种质量数据的异常波动通常是系统性的因素造成的，在质量管理上是不允许的，因此必须采取措施予以消除。如使用不合格的材料施工、施工机具设备严重磨损、违章操作、检验量具失准等。

施工管理者应当在整个工序活动中，连续实时动态跟踪控制，发现工序活动处于异常状态时，及时查明相关原因，纠正偏差，使其恢复正常状态，从而保证工序活动及其产品的质量。

4. 设置工序活动的质量控制点，进行预控

质量控制点是指为保证工序质量而确定的重点控制对象、关键部位或薄弱环节。设置质量控制点是保证达到工序质量要求的必要前提，在拟订质量控制工作计划时，应予以详细的考虑，并以制度来保证落实。对于质量控制点，一般要事先分析可能造成质量问题的原因，再针对原因制定对策和措施进行预控。

（三）质量控制点的设置

质量控制点的设置要准确、有效。对于一个具体的土木工程项目，应综合考

虑施工难度、施工工艺、建设标准、施工单位的信誉等因素，结合土木工程实践经验，选择那些对土木工程质量影响大、发生质量问题时危害大、土木工程质量控制难度大的对象为质量控制点，并设置其数量和位置。

四、土木工程项目施工项目主要投入要素的质量控制

（一）材料构配件的质量控制

原材料、半成品、成品、构配件等土木工程材料，构成了土木工程项目的实体，其质量直接关系到土木工程项目的最终质量。因此，必须对土木工程项目建设材料进行严格控制。土木工程项目管理中，应从采购、进场、存放和使用几个方面把好材料的质量关。

1. 采购的质量控制

施工单位应根据施工进度计划制订合理的材料采购计划，并进行充分的市场信息调查，在广泛掌握市场材料信息的基础上，优选材料供应商，建立严格的合格供应方资格审查制度。

2. 进场的质量控制

进场材料、构配件必须具有出厂合格证、技术说明书、产品检验报告等质量证明文件，根据计划和有关标准进行现场质量验证和记录。质量验证包括材料的品种、型号、规格、数量，外观检查和取样见证，进行物理、化学性能试验。对某些重要材料，要进行抽样检验或试验，如对水泥的物理力学性能的检验、对钢筋的力学性能的检验、对混凝土的强度和外加剂的检验、对沥青及沥青混合料的检验、对防水涂料的检验等。通过严把进场材料和构配件质量检验关，确保所有进场材料质量处于可控状态。对需要做材质复试的材料，应规定复试内容、取样方法，并应填写委托单，试验员按要求取样，送至有资质的试验单位进行检验，检验合格的材料方能使用。如钢筋需要复试其屈服强度、抗拉强度、断后伸长率和冷弯性能，水泥需要复试其抗压强度、抗折强度、体积稳定性和凝结时间，装饰装修用人造木板及胶黏剂需要复试其甲醛含量。建筑材料复试取样应符合以下原则。

（1）同一厂家生产的同一品种、同一类型、同一生产批次的进场材料应根据相应建筑材料质量标准与管理规程、规范要求的试样数量，确定取样批次，抽取样品进行复试，当合同另有约定时应按合同执行。

（2）材料需要在建设单位或监理人员见证下，由施工人员在现场取样，送至有资质的检验单位进行试验。见证取样和送检次数不得少于试验总次数的30%，试验总次数在10次以下的不得少于2次。

（3）进场材料的检测取样必须从施工现场随机抽取，严禁从现场外抽取。试样应有唯一性标识，试样交接时，应对试样外观、数量等进行检查确认。

（4）每项土木工程的取样和送检见证人，应由该土木工程的建设单位书面授权，委派在本土木工程现场的建设单位人员或监理人员中的1或2名担任。见证人应具备与工作相适应的专业知识。见证人及送检单位对试样的代表性、真实性负有法定责任。

（5）检验单位在接受委托试验任务时，须由送检单位填写委托单，委托单上要设置见证人签名栏。委托单必须与同一委托试验的其他原始资料一并由检验单位存档。

3. 存储和使用的质量控制

材料、构配件进场后的存放，要满足不同材料对存放条件的要求。如水泥受潮会结块，水泥的存放必须注意干燥、防潮。另外，对仓库材料要有定期的抽样检测，以保证材料质量的稳定。如水泥储存期不宜过长，以免受潮变质。

（二）机械设备的质量控制

施工机械设备是所有施工方案和施工方法得以实施的重要物质基础，应综合考虑施工现场条件、建筑结构形式、机械设备性能、施工工艺和方法、施工组织与管理、经济等因素，进行多方案比较，合理选择和正确使用施工机械设备，保证施工质量。对施工机械设备的质量控制主要体现在机械设备的选型、主要性能参数指标的确定、机械设备使用操作要求三个方面。

1. 机械设备的选型

机械设备的选型，应本着因地制宜、因工程制宜、技术上先进、经济上合理、生产上适用、性能上可靠、使用上安全、操作上方便的原则，选配适用土木工程项目，能够保证土木工程项目质量的机械设备。

2. 主要性能参数指标的确定

主要性能参数是选择机械设备的依据，确定的机械设备性能参数指标决定对的机械设备型号，参数指标的确定必须满足施工的需要、保证质量的要求。

3.机械设备使用操作要求

合理使用机械设备，正确地进行操作，是保证项目施工质量的重要环节。应当贯彻"人机固定"的原则，实行定机、定人和定岗位职责的"三定"使用管理制度，操作人员在使用中必须严格遵守操作规程和机械设备的技术规定，防止出现安全质量事故，随时以"五好"（完成任务好、技术状况好、使用好、保养好、安全好）标准予以检查控制，确保土木工程施工质量。

机械设备使用过程中应注意以下事项：①操作人员必须正确穿戴个人防护用品；②操作人员必须具有上岗资格，并且操作前要对设备进行检查，空车运转正常后，方可进行操作；③操作人员在机械操作过程中要严格遵守安全技术操作规程，避免发生机械损坏事故及安全事故；④做好机械设备的例行保养工作，使机械设备保持良好的技术状态。

第六章 土木工程项目风险管理

第一节 土木工程项目风险管理概述

一、土木工程项目风险

土木工程项目风险是指土木工程项目在可行性研究设计、施工等各个阶段可能遇到的风险。这些风险所涉及的当事人主要是土木工程项目的业主/项目法人、土木工程承包商和土木工程咨询人/设计人/监理人。

（一）业主/项目法人的风险

土木工程项目业主/项目法人通常遇到的风险可归纳为：项目组织实施风险、经济风险、自然风险。前两种属人因风险。

1. 项目组织实施风险

这类风险可能起因于下列诸方面：①政府或主管部门对土木工程项目干预太多或指挥无序；②建设体制或法规不合理；③合同条件存在缺陷；④承包商缺乏合作诚意；⑤材料、土木工程设备供应商履约不力或违约；⑥监理土木工程师失职；⑦设计缺陷，等等。

2. 经济风险

此类风险主要产生于下列原因：①宏观经济形势不利，如整个国家的经济不景气；②投资环境差，土木工程投资环境包括硬环境如交通、通信等条件和软环境如地方政府对土木工程的开发、建设的态度等；③市场物价不正常上涨，如建筑材料价格不稳定；④通货膨胀幅度过大；⑤投资回报期长，属于长线土木工程，预期投资回报难以实现；⑥基础设施落后，如施工电力供应困难、对外交通条件差等；⑦资金筹措困难，等等。

3. 自然风险

其通常由下列原因引起：①恶劣的自然条件，如洪水、泥石流等均可能直接威胁土木工程项目；②恶劣的气候条件，如严寒、台风、暴雨给施工带来困难或损失；③恶劣的现场条件，如施工用水用电供应的不稳定性、对土木工程不利的地质条件等；④不利的地理位置，如土木工程地点十分偏僻、交通十分不利，等等。

（二）承包商的风险

承包商是业主的合作者，但在各自的利益上又是对应的双方，即双方既有共同利益，又有各自风险。承包商的行为对业主构成风险，业主的举动也会对承包商构成风险。承包商的风险大致可分为以下几方面。

1. 决策错误的风险

承包商在实施过程中需要进行一系列的决策，这些决策无不包含着各种各样的风险，包括以下各项。

（1）信息取舍失误或信息失真的风险。若信息的失真，决策失误的可能性很大。

（2）投标的风险。投标是取得土木工程承包权的重要途径，但当承包商不能中标时，其在投标过程中产生的成本无法得到回报。

（3）报价失误的风险。报价过高，面临着不能中标的风险；报价过低，则又面临着利润低，甚至亏损的风险。

2. 缔约和履约的风险

其潜伏的风险主要表现在以下几个方面。

（1）合同条件不平等或存在对承包商不利的缺陷。如不平等条款；合同中定义不准确；条款遗漏；合同条款对土木工程条件的描述和实际情况差距过大。

（2）对施工管理技术不熟悉。如承包商未掌握施工计划新技术；对土木工程进度管理不当；不能保证整个土木工程的进度。

（3）对合同管理不善。合同管理是承包商取得利润的关键手段，承包商要利用合同条款保护自己，扩大收益。

（4）对资源组织和管理不当。这里的资源包括劳动力、建筑材料、施工机械等，对承包商而言合理组织资源供应，是保证施工顺利进行的条件，若资源组织和管理不当，就存在着遭受重大损失的可能性。

（5）成本和财务管理失控。承包商施工成本失控有多种原因，包括报价过低或费用估算失误、土木工程规模过大和内容过于复杂、技术难度大、当地基础设施落后、劳务素质差和劳务费过高、材料短缺或供货延误等。财务管理的风险更大，一旦失控，常会给承包商造成巨大经济损失。

3.责任风险

土木工程承包是一种法律行为，合同当事人负有不可推卸的法律责任。责任风险的起因可能有下列几种：①违约，即不执行承包合同或不完全履行合同。②故意或无意侵权。如土木工程质量事故，可能是粗心大意引起的，也可能是偷工减料引发的。③欺骗和其他错误。

（三）咨询/设计/监理的风险

同业主、承包商一样，咨询/设计/监理在土木工程项目实施和管理中也面临着各种风险，归纳起来，源于下列三个方面。

1.来自业主/项目法人方的风险

咨询/设计/监理受业主委托，为业主提供技术服务，要按技术服务合同承担相应的责任，因此承担风险。来自业主方面的风险主要出于下列原因：①业主不遵循客观规律，对土木工程提出过分的要求。②业主对可行性研究缺乏严肃性。③业主对咨询公司做可行性研究附加种种倾向性要求。④投资不足，咨询/设计/监理难以进行。⑤有些业主虽和监理签有监理合同，明确监理在承包合同管理中的责任、权利和义务，但在实施过程中，业主随意做出决定，对监理干预过多，甚至剥夺监理土木工程师正常履行职责的权利。

2.来自承包商的风险

主要表现在以下方面：①承包商不诚实。常见的案例是承包商的报价很低，但中标后，在施工过程中以次充好，损坏工程质量；或以实际成本高于合同成本为由，追加预算。②承包商缺乏职业道德。如质量管理方面，常见的现象是承包商还没有自检，就要求监理土木工程师同意进行检查或验收，当其履行合同不力或质量不合标准时，要求监理土木工程师弄虚作假。③承包商素质太差。履约不力，甚至没有履约的能力或弄虚作假，对土木工程质量极不负责，都可能使监理土木工程师蒙受责任风险。

3.职业责任风险

咨询/设计/监理的职业责任风险一般由下列因素构成：①设计不充分或不完善。这是设计土木工程师的失职。②设计错误和疏忽。可能导致重大土木工程质量问题。③投资估算和设计概算不准。这会引起成本失控,咨询/设计对此有不可推卸的责任。④自身的能力和水平不适应。咨询/设计/监理的能力和水平较低,很难完成其相应的任务。

二、风险管理

（一）风险管理的定义

风险管理是一门新兴管理学科，是管理的一部分。由于风险存在的普遍性，风险管理内容的涵盖面很大。从不同的角度，不同的学者提出了不尽相同的定义。英里斯蒂认为，风险管理是企业或组织为控制偶然损失的风险，以保证获利能力和保全资产所做的一切努力。威廉姆斯和汉斯则认为，风险管理是通过对风险的识别、衡量和控制，以最低的成本使风险所致的各种损失降到最低限度的管理方法。罗森布朗认为，风险管理是处理纯粹风险和决定最佳管理技术的一种方法。尽管说法很多，但其内涵是基本一致的，即风险管理是研究风险发生规律和风险控制技术的管理学科，各经济单位通过对风险的识别、衡量、预测和分析，采取相应对策应对风险和不确定性，力求以最小成本保障最大安全和最优经营效率的一切活动。

（二）风险管理的目标

风险管理的目标是通过有效的风险管理，在风险发生之前有预防作用，而在风险发生后使得损失在可控范围内。风险管理的目标可以分为损失发生之前和损失发生之后两种。

1. 损前目标

（1）经济合理目标

要实现以最小的成本获得最大的安全保障这一总目标，在事故实际发生之前，就必须使整个风险管理计划、方案和措施最经济、合理。

（2）安全状况目标

安全状况目标就是将风险控制在可承受的范围内。风险管理者必须使参与者意识到风险的存在，从而使参与者提高安全意识，并主动配合风险管理的实施。

（3）社会责任目标

风险主体在生产经营过程中必然受到政府和主管部门有关政策和法规以及风险主体公共责任的约束。风险主体遭受风险损失时，在严重的情况下可能对社会产生不良影响。风险主体开展风险管理活动，避免风险对社会产生不良影响也是风险管理的目标之一。

2. 损后目标

（1）维持企业生存的目标

发生风险事件，给企业造成了损失，损失发生后风险管理的最基本、最主要的目标就是维持企业生存。

（2）保持生产经营正常进行的目标

风险事件的发生带来了不同程度的损失和危害，影响企业正常的生产经营活动和相关个人的正常生活，严重者可使生产陷于停滞。风险管理应能保证向企业、个人、家庭等经济单位提供经济补偿，并能为恢复正常生产和生活创造必要的条件，即除了能继续生存外，还有能力迅速恢复。

（3）实现稳定收益的目标

风险管理在使企业维持生存并迅速恢复后，应通过其运作促使资金回流，尽快消除损失带来的不利影响，力求收益稳定。

（4）实现持续增长的目标

风险管理不仅应使经济单位恢复原来的生产经营水平，而且应保证其原有生产经营计划能够实施，并实现持续增长。

（5）履行社会职责

风险损失的发生，不仅会让承担风险的企业受影响，还会波及供货人、债权人、协作者、税务部门乃至整个社会。损失发生后的风险管理，应尽可能减轻或消除损失给各有关方面带来的不利影响，切实履行企业对社会的责任。

关于风险管理的目标还有不少见解，虽然各种说法不尽相同，但与上述内容并不矛盾，且相互补充。

（三）风险管理的基本程序

项目风险管理发展的一个主要标志是建立了风险管理的运作系统，从系统的角度来认识和理解项目风险，从系统过程的角度来管理风险。项目风险管理过程，一般由若干主要阶段组成，这些阶段不仅之间相互作用，而且也与项目管理的其他管理区域互相影响，每个风险管理阶段的完成都需要项目风险管理人员的共同努力。美国项目管理协会（Project Management Institute，PMI）描述的风险管理过程为风险管理规划、风险识别、风险定性分析、风险量化分析、风险应对设计、风险监视和控制六个部分。

三、土木工程项目风险管理

（一）土木工程项目风险管理概念

土木工程项目风险管理是指项目主体通过风险识别、风险估计和风险评价等途径来分析土木工程项目的风险，并以此为基础，使用多种方法和手段对项目活动涉及的风险实行有效的控制，尽量减小风险事件的不利结果面，妥善地处理风险事件造成的不利后果的全过程的总称。

（二）土木工程项目风险管理的重点

土木工程项目风险管理贯穿于土木工程项目的整个生产周期，而且是一个连续不断的过程，但也有其重点。

第一，从时间上看，下列时间点的土木工程项目风险要特别引起注意：①土木工程项目进展过程中出现未曾预料的新情况时；②土木工程项目有一些特别的目标必须实现时，例如道路土木工程一定要在某个月底通车；③土木工程项目进展出现转折点或提出变更时。

第二，项目无论大与小、简单与复杂均可对其进行风险分析和风险管理，但是下面一些类型的项目或活动应该进行特别的风险分析和风险管理，主要包括：①创新或使用新技术的土木工程项目；②投资数额大的土木工程项目；③实行边设计、边施工、边科研的土木工程项目；④使目前生产经营中断，对目前收入影响特别大的土木工程项目；⑤涉及重要问题的土木工程项目；⑥受到法律、法规、安全等方面严格要求的土木工程项目；⑦具有重要政治、经济和社会意义，对财务影响很大的土木工程项目；⑧签署不平常协议（法律、保险或合同）的土木工程项目。

第三，对于土木工程建设项目，在以下阶段进行风险分析和风险管理可以获得特别好的效果。主要包括：①可行性研究阶段。这一阶段，项目变动的灵活性最大。这时若做出减少项目风险的变更，代价小，而且有助于选择项目的最优方案。②审批阶段。此时项目业主可以通过风险分析了解项目可能会遇到的风险，并检查是否已采取所有可能的步骤来减少和管理这些风险。在定量风险分析之后，项目业主还能够知晓有多大的可能性实现项目的各种目标，例如费用、时间和功能。③招标投标阶段。承包商可以通过风险分析明确承包中的所有风险，有助于确定应付风险的预备费用数额，或者核查自己受到风险威胁的程度。④招标后。项目业主通过风险分析可以查明承包商是否已经认识到项目可能会遇到的风险，是否能够按照合同要求如期完成项目。⑤项目实施期间。定期作风险分析、切实进行风险管理可增加项目按照预算和进度计划完成的可能性。

（三）土木工程项目风险管理的特点

第一，土木工程项目风险管理尽管有一些通用的方法，如概率分析方法、模拟方法、专家咨询法等。但要研究具体项目的风险，就必须与该项目的特点相联系，包括以下各项：①该项目的复杂性、系统性、规模、新颖性、工艺的成熟程度等。②项目的类型，项目所在领域。不同领域的项目有不同的风险，且具有规律性、行业性特点。例如建筑土木工程项目独有的风险。③项目所处的环境，如地区、国家。

第二，风险管理需要掌握大量的信息、了解情况，要对项目系统及系统的环境有十分深入的了解，并进行预测，所以不熟悉情况是不可能进行有效的风险管理的。

第三，虽然人们通过全面风险管理，在很大程度上已经将过去凭直觉、凭经验的管理上升到理性的全过程的管理，但风险管理在很大程度上仍依赖于管理者的经验及管理者过去土木工程的工作经历，对环境的了解程度和对项目本身的熟悉程度。在整个风险管理过程中，人的因素影响很大，如人的认识程度、人的精神、创造力。所以风险管理中要注重参考专家的一些经验，这不仅包括他们对风险范围、规律的认识，而且包括他们对风险的处理方法、工作程序和思维方式，并在此基础上将分析成果系统化、信息化、知识化，用于对新项目的决策支持。

第四，风险管理在项目管理中属于一种高层次的综合性管理工作。它涉及企业管理和项目管理的各个阶段和各个方面，涉及项目管理的各个子系统。所以它必须与合同管理、成本管理、工期管理、质量管理联成一体。

第五，风险管理的目的并不是消灭风险，在土木工程项目中大多数风险是不可能被项目管理者消灭或排除的，管理者有准备地、理性地实施项目，尽可能地减少风险的损失并利用风险因素有利的一面。

（四）风险管理同土木工程项目管理的关系

风险管理是土木工程项目管理的一部分，目的是保证项目总目标的实现。风险管理与项目管理的关系如下。

第一，从项目的成本、时间和质量目标来看，风险管理与项目管理目标一致。只有通过风险管理降低项目的风险成本，项目的总成本才能降下来。项目风险管理将风险导致的各种不利后果控制在一定范围内，这正符合各项目相关方在时间和质量方面的要求。

第二，从项目范围管理来看，风险管理是项目范围管理的主要内容之一，是审查项目和项目变更所必需的。一个项目之所以必要、被批准并付诸实施，是市场和社会对项目的产品和服务有需求。风险管理通过风险分析，对这种需求进行预测，指出市场和社会需求的可能变动范围，并计算出需求变动时项目的盈亏，这就为项目的财务可行性研究提供了重要依据。项目在进行过程中，各种各样的变更是不可避免的，变更之后，会带来某些新的不确定性，风险管理正是通过风险分析来识别、估计和评价这些不确定性，向项目范围管理提出要求。

第三，从项目管理的计划职能来看，风险管理为项目计划的制定提供了依据。项目计划考虑的是未来，而未来充满着不确定因素。项目风险管理的职能之一恰恰是减少项目整个过程中的不确定性。这一工作显然对提高项目计划的准确性和可行性有极大的帮助。

第四，从项目的成本管理职能来看，项目风险管理通过风险分析，指出有哪些可能的意外费用，并估计出意外费用的多少。对于不能避免但能够接受的损失也计算出数额，列为一项成本。这就为在项目预算中列入必要的应急费用提供了重要依据，从而增强了项目成本预算的准确性和现实性，这样就能够减少各相关方对于项目超支的担忧，有利于坚定对项目的信心。因此，风险管理是项目成本管理的一部分。没有风险管理，项目成本管理则不完整。

第五，从项目的实施过程来看，许多风险都在项目实施过程中由潜在变成现实。风险管理就是在认真的风险分析基础上，拟定各种具体的风险应对措施，以备风险事件发生时采用。项目风险管理的另一内容是对风险实行有效的控制。

（五）土木工程项目风险管理的作用

土木工程项目风险管理的作用表现在以下各个方面：①通过风险分析，可加深管理者对项目的认识和理解，澄清各方案的利弊，了解风险对项目的影响，以便减少或分散风险。②通过检查和评估所有到手的信息、数据和资料，可明确项目的各有关前提和假设。③通过风险分析不但可提高项目各种计划的可信度，还有利于改善项目执行组织内部和外部之间的沟通情况。④编制应急计划时更有针对性。⑤能够将处理风险后果的各种方式更灵活地组合起来，在项目管理中减少被动，增加主动。⑥有利于抓住机会，利用机会。⑦为以后的规划和设计工作提供反馈信息，以便在规划和设计阶段采取措施减少和避免风险损失。⑧风险虽难以完全避免，但通过有效的风险分析，能够明确项目到底可能承受多大损失或损害。⑨为项目施工、运营选择合同形式和制订应急计划提供依据。⑩深入研究和对情况进一步了解可以使决策更有把握，更符合项目的方针和目标，在总体上减少项目风险，保证项目目标的实现。⑪可推动项目实施的组织和管理班子积累有关风险的经验，以便改进将来的项目管理工作。

第二节　土木工程项目风险识别

风险识别是土木工程项目风险管理的第一步，也是土木工程项目风险管理的基础。是项目管理者识别风险来源，确定风险发生条件，描述风险特征并评价风险影响的过程。风险识别需要确定三个相互关联的因素：风险来源、风险事件、风险征兆。

一、土木工程项目风险识别过程

识别风险的过程包括对所有可能的风险事件来源和结果进行客观的调查分析，最后形成项目风险清单，具体可将其分为以下 5 个环节。

（一）土木工程项目不确定性分析

影响土木工程项目的因素很多，其中许多是不确定的。风险管理首先是要对这些不确定因素进行分析，识别其中有哪些不确定因素会使土木工程项目发生风险，分析潜在损失或危险的类型。

（二）建立初步风险源清单

在项目不确定性分析的基础上，将不确定因素及其可能引发的损失或危险性类型列入清单，作为进一步分析的基础。对每一种风险来源均要作文字说明。说明中一般要包括：①风险事件的可能后果；②对风险发生时间的估计；③对风险事件预期发生次数的估计。

（三）确定各种风险事件和潜在结果

根据风险源清单中各风险源，推测可能发生的风险事件，以及相应风险事件可能出现的损失。

（四）进行风险分类或分组

根据土木工程项目的特点，按风险的性质和可能的结果及彼此间可能发生的关系对风险进行分类。对风险进行分类的目的一方面在于加深对风险的认识和理解；另一方面在于进一步识别风险的性质，从而有助于制定风险管理的目标和措施。

（五）建立土木工程项目风险清单

按土木工程项目风险的大小或轻重缓急，将风险事件列成清单，不仅能展示出土木工程项目面临总体风险的情况，而且能把全体项目管理人员统一起来，使其不仅考虑到管理范围内所面临的风险，还了解到其他管理人员所面临的风险以及风险之间的联系和可能的连锁反应。土木工程项目风险清单的编制一般应在风险分类分组的基础上进行，并对风险事件的来源、发生时间、发生的后果和预期发生的次数做出说明。

二、风险辨识方法

原则上，风险识别可以从原因查结果，也可以从结果反过来找原因。从原因查结果，就是先找出本项目可能会有哪些事件发生，发生后会引起什么样的结果。如项目进行过程中，关税会不会变化，关税的提高和降低各会引起什么样的后果。从结果找原因，则是从某一结果出发，查找引发这一结果的原因。如建筑材料涨价引起项目超支，要分析哪些因素引起建筑材料涨价；项目进度拖延了，要分析造成进度拖延的因素有哪些。

在具体识别风险时，还可以利用核对表法、头脑风暴法、事故树分析法等工具或方法。

（一）核对表法

人们考虑问题有联想习惯，在过去经验的启迪下，思想常常可以变得很活跃，浮想联翩。风险识别实际是关于将来风险事件的设想,是一种预测。如果把人们经历过的风险事件及其来源罗列出来,写成一张核对表,那么项目管理人员看了就容易开阔思路,容易想到本项目会有哪些潜在风险。核对表可以包含多种内容,例如以前项目成功或失败的原因、项目其他方面规划的结果(范围、成本、质量、进度、采购与合同、人力资源与沟通等计划成果)、项目产品或服务的说明书、项目班子成员的技能、项目可用的资源等等。还可以到保险公司索取资料,认真研究其中的保险例外,这些东西能够提醒还有哪些风险尚未考虑到。

(二)头脑风暴法

"头脑风暴"是从英文"brain storming"一词直译过来的。这是一种刺激创造性、产生新思想的方法。头脑风暴法常在一个专家小组内以会议的方式进行,专家组一般由下列人员组成:①方法论学者,风险分析或预测学领域的专家,一般担任会议的组织者;②思想产生者,专业领域的专家,人数占小组成员的50%~60%;③分析者,专业领域内知识比较渊博的高级专家;④演绎者,具有较高逻辑思维能力的专家。专家组的人数一般在5~10人的范围内,会议不宜开得太长。组织者要给发表意见者创造一个宽松的环境,以便人们畅所欲言,产生新思想、新观点。

会议的过程应遵循以下原则:①要禁止对他人所发表的思想进行任何非难;②发言给出的信息越多越好,信息量越大,出现有价值的设想的可能性就越大;③要重视那些思想奔放、思路宽广、貌似不太符合实际的发言;④应当将得到的思想观点进行组合、分类和改进,之后将所有意见,包括初步分析结果公布出来,让小组成员都看到,这样可以再启发新思想。将这种方法用于风险辨识,就要提出如下面这样一些问题,供大家发表意见。如进行某项活动会遇到哪些风险?引起这些风险的因素有哪些?其危害的程度如何?也可根据实际情况选择其他问题。

为了避免重复、提高效率,应当将已有的结果向会议说明,使会议不必再花费很多时间去分析问题本身,或在表面存在的风险上滞留时间太久,与会者能迅速打开思路去寻找那些新的、潜在的风险因素。可以看出,这种会议比较适合所探讨的问题比较简单、目标比较明确的情况。如果问题牵涉面太广,包含的因素太多,那就要首先进行分析和分解,然后再采用此法。当然,对"头脑风暴"的结果还要进行详细分析,既不能轻视,也不能盲目接受。

（三）事故树分析法

事故树分析法是通过图形演绎的方法，来演示影响事实结果的各种因素之间的因果及逻辑关系，这种图形演绎被称为"事故树"，同时在树图的基础上，还可以对系统进行分析和评价。事故树分析法现已成为系统土木工程理论中具有独立学科意义和实用价值的理论体系。

1. 事故树分析法的特点

第一，该法是系统土木工程理论中最为重要和有效的方法之一，特别适用于分析大型复杂系统，多用于安全系统土木工程的系统可靠性分析及评估。

第二，该法本质上是定量分析方法，但也可作为定性分析的工具。

第三，该法可用来分析事故，特别是重大恶性事故的因果关系。

第四，利用该法可进行系统的危险性评价、事故的预测、事故的调查分析、沟通事故安全情报措施、优化决策等工作；也可用于系统的安全性设计，具有逻辑性强的优点。

第五，该法能够全面分析导致事故的多种因素及其中逻辑关系，并对它们做出简洁和形象的描述；便于发现和查明系统内固有的和潜在的危险因素，为制定安全措施和采取安全管理对策提供依据。

第六，该法能够明确各方面的失误对系统的影响，并找出重点和关键因素，使作业人员全面了解和掌握各项避免事故的要点；可以对已经发生的事故的原因进行分析，以充分吸取事故的教训，防止同类事故再次发生。

2. 事故树分析法的基本程序

完整的事故树分析过程一般包括以下分析步骤。

第一，确定和熟悉所要分析的系统。要求确实了解系统情况，包括系统性能、工作程序、运行情况、各种重要参数、作业情况及环境状况等，必要时画出工艺流程图及其布置图。

第二，确定顶上事件。在广泛搜集事故数据的基础上，确定一个或几个事故为顶上事件进行分析。确定顶上事件的时候，要坚持一个事故编制一棵树的原则且定义要明确。

第三，详细调查分析事故的原因，顶上事件确定后，就要分析各个与之有关的原因事件，也就是找出系统的所有潜在危险因素和薄弱环节，包括设备组件等硬件故障、软件故障、认为差错、环境因素等，凡与事故有关的原因都要罗列出来。

第四，确定不予考虑的事件。与事故有关的原因各种各样，但有些原因根本就不可能发生或发生的机会很少，如突发自然灾害等，编事故树时可不予考虑，但要事先说明。

第五，确定分析的深度。在分析原因事件时，要分析到哪一层为止，需要事先明确。分析得太浅，可能发生遗漏；分析得太深，则事故树过于庞大烦琐，具体深度应视分析对象而定。

第六，编制事故树。从顶上事件开始，采用演绎分析方法，逐层向下找出直接原因事件，直到所有的基本事件为止。每一层事件都按照输入（原因）与输出（结果）之间的逻辑关系用逻辑门连接起来，这样得到的图形就是事故树。初步编好的事故树应进行整理和简化，将多余事件或上下两层逻辑门相通的事件去掉或合并。如有相同的子树，可以用转移符号省略其中一个，以求结构简洁清晰。

第七，事故树定性分析。事故树画好后，不仅可以直观地得出事故发生的规律及相关因素，还能进行多种计算。首先可从事故树结构上求最小割集和最小径集，进而得到每个基本事件对顶上事件的影响程度，为采取安全措施的先后次序、轻重缓急提供依据。

第八，事故树定量分析。定量分析是系统危险性分析的最后阶段，是对系统进行安全性评价。通过分析可以计算出事故发生的概率，并从数量上说明每个基本事件对顶上事件的影响程度，从而制定出最经济、最合理的方案，实现系统安全的目的。

以上步骤可以根据需要和实际情况而定，不一定都要做。

第三节　土木工程项目风险估计与评价

风险识别只是从定性角度去了解和识别风险，要进一步认识风险，需对其进行深入的分析。

一、土木工程项目风险估计

风险估计又称风险测定、测试、衡量、估算等。在一个项目中存在着各种各样的风险，风险估计可以说明风险的实质，它建立在有效辨识项目风险的基础上。

风险估计根据项目风险的特点，对已确认的风险，通过定性和定量分析方法量测其发生的可能性和破坏程度的大小，对风险按潜在危险大小进行优先排序和评价、制定风险对策和选择风险控制方案有重要的意义。项目风险估计较多采用统计、分析和推断法，一般需要一系列可信度高的历史统计数据和相关数据，以及足以说明被估计对象特性和状态的数据作为依据；当资料不全时则需要依靠主观推断，此时项目管理人员掌握科学的项目风险估计方法、技巧和工具就显得格外重要。

（一）风险事件发生的概率

风险事件发生的分布概率分布是风险估计的基础。因此，风险估计的首要工作是确定风险事件的概率分布。一般而言风险事件的概率分布应由历史资料确定，这样得到的即为客观概率。当项目管理人员没有足够的历史资料表确定风险事件的概率分布时，可以利用理论概率分布模型进行风险估计。

由于项目管理活动独特性很强，项目风险来源多样。因此，项目管理成员在许多情况下只能根据为数不多的小样本来评估风险事件发生的概率。对一些前所未有的新项目，根本就没有可利用的数据，项目管理人员只能根据自己的经验预测风险事件的概率分布，这即为主观概率。

（二）风险事件后果的估计

风险事故造成的损失大小要从三个方面来衡量，即损失性质、损失范围和损失的时间分布。

损失性质是指损失是属于政治性的、经济性的还是技术性的。

损失范围包括严重程度、变化幅度和分布情况。严重程度和变化幅度分别用损失的数学期望和方差表示。

损失的时间分布与项目的成败关系极大。数额很大的损失如果一次性发生，项目很有可能因为流动资金不足而失败。而同样数额的损失如果是在较长的时间内分几次发生，则相对容易设法弥补，使项目运营下去。

损失这三个方面的不同组合使得损失情况千差万别，因此，任何单一的标度都无法准确地对风险进行估计。

在估计风险事故造成损失时描述性标度最容易用，费用最低；定性的次之；定量标度最难、最贵、最耗费时间。

（三）风险估计的不确定性

风险估计本质上是在信息不完全情况下的一种主观评价。因此，进行风险估计时有两个问题要注意：①不管使用哪种标度，都需要有某种形式的主观判断，所以风险估计的结果必然带有一定程度的不确定性。②计量本身也会产生一定程度的不确定性。项目变数（如成本、进度、质量、规模、产量、贷款利率、通货膨胀率）不确定性程度取决于计量系统的精确性和准确性。

风险估计还涉及信息资料问题。人们一般不能从收集到手的信息资料直接获得有关风险的大小、后果严重程度和发生频率等信息。在传播过程中，信息资料的意义常常被人们歪曲地理解或解释。如果事件给人留下的印象深，则其损失容易被高估。广为传播的事件发生频率常常被高估，而传播少的事件则被低估。

二、土木工程项目风险评价

风险估计只对土木工程项目各阶段单个风险分别进行估计和量化，没有考虑到各风险综合起来的总体效果，也没有考虑到这些风险是否能被项目主体所接受。这些问题需要通过项目风险评价去解决。

风险评价是对项目风险进行综合分析，并依据风险对项目目标的影响程度进行项目风险分级排序的过程。它是在项目风险规划、识别和估计的基础上，通过建立项目风险的系统评价模型，对项目风险因素影响进行综合分析，并估算出各风险发生的概率及其可能导致的损失大小，从而找到该项目的关键风险，确定项目的整体风险水平，为如何处置这些风险提供科学依据，以保障项目的顺利进行。在风险评价过程中，项目管理人员应详细研究决策者决策带来的各种可能后果并将决策者做出的决策与自己单独预测的后果相比较，进而判断这些预测能否被决策者所接受。各种风险的可接受度或危害程度互不相同，因此就产生了哪些风险应该首先处理或者是否需要采取措施的问题。风险评价一般有定量和定性两种，进行风险评价时，还要提出预防、减少、转移或消除风险损失的初步方法。

（一）风险评价的目的

土木工程项目风险评价有下列 4 个目的。

第一，对项目各风险进行比较分析和综合评价，确定它们的先后顺序。

第二，挖掘项目风险间的相互联系。虽然项目风险因素众多，但这些因素之间往往存在着内在的联系，表面上看起来毫不相干的多个风险因素，有时是由一个共同的风险源造成的。例如未曾预料到的技术难题，则会造成费用超支、进度拖延、产品质量不合要求等多种后果。风险评价就是要从项目整体出发，挖掘项目各风险之间的因果关系，为项目风险的科学管理提供保障。

第三，综合考虑各种不同风险之间相互转化的条件，研究如何才能化危机为机会，明确项目风险的客观基础。

第四，进行项目风险量化研究，进一步量化已识别风险的发生概率和后果，减少风险发生概率和后果估计中的不确定性，为风险应对和监控提供依据和管理策略。

（二）风险评价的方法

常见的风险分析方法有很多种，如调查和专家打分法、层次分析法（analytic hierarchy process，AHP）、蒙特卡罗（Monte Carlo，MC）方法等。

1. 调查和专家打分法

调查和专家打分法是一种最常用的、最简单的、易于应用的分析方法。它的应用由两步组成：①识别出某一种特定土木工程项目可能遇到的所有风险，列出风险调查表；②利用专家经验，对可能的风险因素的重要性进行评价，综合成整个项目风险。具体步骤如下。

第一，确定每个风险因素的权重，以表征其对项目的影响程度。

第二，确定每个风险因素的等级值，按可能性分为很大、比较大、中等、不大、较小这5个等级，分别以1.0、0.8、0.6、0.4、0.2权重打分。

第三，将每个风险因素的权数与等级值相乘，求出该项风险因素的得分，再求出此土木工程项目风险因素的总分。显然，总分越高说明风险越大。

2. 层次分析法

在土木工程风险分析中，层次分析法（AHP）提供了一种灵活的、易于理解的土木工程风险评价方法，承包商在土木工程项目投标阶段使用 AHP 来评价投标土木工程风险，以便其在投标前对拟建项目的风险情况有一个全面认识，判断出土木工程项目的风险程度，并进行投标决策。

应用层次分析法进行投标风险分解，其过程具体可分为下列8个步骤。

第一，工作结构分解。通过工作分解结构，按工作相似性质原则把整个项目分解成可管理的工作包，然后对每一工作包做风险分析。

第二，风险识别。对每一个特定的工作包进行风险分类和识别，常用的方法是专家调查法、如德尔菲法；然后，构造出该工作包的风险框架图。

第三，构造因素和子因素判断矩阵。专家按照一些规则对因素层和子因素层间各元素的相对重要性给出评判，可求出各元素的权重值。

第四，构造反映各个风险因素影响程度的矩阵。影响程度通常用高、中、低风险三个概念表示，求出各个风险因素相对影响程度值。

第五，一致性检验。上述第三、第四步骤中，均采用专家凭经验、直觉的主观判断，那么就要对专家主观判断的一致性加以检验。一般检验不通过，就要让专家重新评价，调整其评价值，然后再检验，直至通过为止。

第六，求风险度。把所求出的各子因素相对影响程度值统一起来，就可求出该工作包风险处于高、中、低各等级的概率值大小，由此可判断该工作包的风险程度。

第七，求总风险水平。把组成项目的所有工作包都如此分析评价，并把各工作包的风险程度统一起来，就可得出项目总的风险水平。

第八，决策与管理。根据分析评估结果制定相应的决策方案并实行有效的管理。

3. 蒙特卡罗（MC）方法

蒙特卡罗（MC）方法，又称随机抽样统计试验方法。这种方法计算风险的实质是在计算机上做抽样试验，然后用具体的风险模型进行计算，最后用统计分析方法得到所求的风险值。它是估计经济风险和土木工程风险常用的一种方法。使用 MC 方法分析土木工程风险的基本过程如下：①编制风险清单。通过结构化方式，将已识别出来的影响项目目标的重要风险因素组列出一份标准化的风险清单。这份清单能充分反映风险分类的结构和层次性。②采用专家调查法确定风险因素的概率分布和特征值。③根据具体问题，建立风险的数学表达公式。④产生伪随机数，并对每一个风险因素进行抽样。⑤计算风险的数学表达公式。⑥重复第四步、第五步 n 次。⑦对 n 个计算值进行统计分析，进而求出具体的风险值。

应用 MC 方法可以直接处理每一个不确定的风险因素，但它要求每一个风险因素是独立的。这种方法的计算工作量虽然很大，但在计算机技术发展的今天，可以编制计算机程序来对模拟过程进行处理，大大节约计算时间。该方法的难点在于对风险因素相关性的识别与评价。但总体而言，该方法无论在理论上，还是在操作上都较前几种方法有所进步，目前已广泛应用于土木工程项目管理领域。

第四节 土木工程项目风险控制

在一个土木工程项目的实施过程中，不可避免地存在各种各样的自然和社会风险。这些风险要在业主/项目法人、设计、咨询或承包商之间合理分配；然后才是各方风险控制问题。

一、风险分配

此处主要介绍土木工程施工阶段项目风险的分配问题。土木工程项目施工阶段的风险主要在项目法人/业主和承包商（供应商）间进行分配。合理进行风险分配，对土木工程项目的顺利实施至关重要。

（一）风险分配的原则

对土木工程项目施工阶段的风险分配，业主起主导作用。作为买方的业主，通常由其组织起草招标文件、选择合同条件，而承包商或供应商一般处于从属地位。业主不能随心所欲，不顾主客观条件，把风险全部推给对方，而对自己免责。风险分配应遵循下列原则：①风险分配应有利于降低土木工程造价和有利于履行合同；②合同双方中，谁能更有效地防止和控制某种风险或减少该风险引起的损失，就由谁承担该风险；③风险分配应能有助于调动承担方的积极性，使其认真做好风险管理，从而降低成本，节约投资。

从上述原则出发，施工承包合同中的风险分配通常是双方各自承担自己责任范围内的风险，对于双方均无法控制的自然和社会因素引起的风险则由业主承担，因为承包商很难将这些风险事先估入合同价格中，若由承包商承担这些风险，则承包商势必只能将风险在投标报价中体现，即增加其投标报价。因此，在这种情况下，当风险不发生时，相对而言会增加业主/项目法人的土木工程造价成本；当风险估计不足时，则会造成承包商亏损，且难以保证土木工程的顺利进行。

（二）项目法人/业主应承担的风险

在土木工程项目施工合同中，一般要求项目法人/业主承担下列风险。

1. 不可抗力的社会或自然因素造成的损失和损坏

前者如战争、冲突、政府禁令等；后者如洪水、地震，飓风等。但土木工程所在国以外的战争、承包商自身工人的冲突以及承包商延误履行合同后发生的情况等除外。

2. 不可预见的施工现场条件的变化引起的损失或损坏

是指施工过程中出现了招标文件中未提及的不利的现场条件，或招标文件中虽提及，但与实际出现的情况差别很大，且这些情况在招、投标时又是很难预见到的，由此而造成的损失或损坏。在实际土木工程中，这类问题多出现在地下土木工程中，如土方开挖现场出现了岩石，其高程与招标文件所述的高程差别很大；设计指定了土石料场，其土石料不能满足强度或其他技术指标的要求；开挖现场发现了古代建筑遗迹、文物或化石；开挖中遇到有毒气体等。

3. 土木工程量变化而导致的价格变化的风险

是对单价合同而言，因单价合同的合同价是按土木工程量清单上的估计土木工程量计算的，而支付款项是按施工实际的支付土木工程量计算的，由于两种土木工程量存在不一致的可能性，就会出现合同价格变化的风险。若采用的是总价合同，则此项风险由承包商承担。另一种情况是某项作业其土木工程量变化很大而导致施工方案变化引起的合同价格变化。

4. 设计文件缺陷风险

设计文件有缺陷而造成的损失或成本增加，由承包商负责的设计除外。

5. 法规变更风险

国家或地方的法规变化导致的损失或成本增加，承包商延误履行合同的除外。

（三）承包商应承担的风险

在土木工程项目施工合同中，一般规定由承包商承担的风险如下：①投标文件的缺陷，指由于对招标文件的错误理解，或者勘查现场时的疏忽，或者投标中的漏项等造成投标文件有缺陷而引起的损失或成本增加；②对业主提供的水文、气象、地质等原始资料分析或运用不当而造成的损失和损坏；③由于施工措施失误、技术不当、管理不善、控制不严等造成的施工中的一切损失和损坏；④分包商工作失误造成的损失和损坏。

二、风险控制策略和措施

土木工程项目风险控制包括所有为避免或减少风险发生的可能性以及潜在损失而采取的各种措施。一般控制风险的策略和措施有减轻风险、预防风险、转移风险风险、回避风险、自留风险和后备措施六种。

（一）减轻风险

减轻风险，又称风险缓解，是指将土木工程项目风险的发生概率或严重性降低到某一可以接受的程度。减轻风险的前提是承认风险事件的客观存在，然后是考虑采用适当措施去降低风险出现的概率或者减少风险所造成的损失。在这一点上，降低风险与风险规避及转移的效果不同，它不能消除风险，只能减少风险。减少风险的目标是降低风险发生的可能性或减少后果的不利影响。具体目标是什么，则在很大程度上要看风险是已知的、可预测的，还是不可预测的。

可预测或不可预测的风险都是项目管理人员难以控制的风险，直接动用项目资源减轻风险一般难以收到好的效果，必须进行深入细致地调查研究，减少其不确定性和潜在损失。

降低风险采用的形式可能是采取更有把握的施工技术，运用熟练的施工工艺，或者选择更可靠的材料或设备。降低风险还可能涉及变更环境条件，以使风险发生的概率降低。

分散风险也是有效缓解风险的措施。通过增加风险承担者，减轻每个个体承担的风险压力。例如，国际性银行通过向第三世界国家政府或股票市场投资者提供银行贷款来分散其风险；总承包商则通过在分包合同中另加入误期损害赔偿条款来降低其所面临的误期损害赔偿风险；联合投标和承包大型复杂土木工程，在中标后，风险因素也很多，这诸多风险若由一家承包商承担十分不利，而将风险分散，即由多家承包商以联合体的形式共同承担，可以减轻压力，并进一步将风险转化为发展的机会。

风险降低措施可以分成四类。第一种是通过教育和培训来提高对潜在风险的警觉，即强化意识。第二是采取一些降低风险损失的保护措施。例如承包商可以雇用一家独立的质量保证公司来充当土木工程项目的第二检查人，这种方法费用高昂但确实能减少潜在的风险。第三种是建立使项目实施过程前后保证一致的系统。最后一种是通过对人员和财产提供保护措施来降低风险。

在制定缓解风险的措施时，必须将风险缓解的程度具体化，即要确定风险缓解后的可接受水平。至于将风险具体减轻到什么程度，这主要取决于项目的具体情况、项目管理的要求和对风险的认识程度。在实施缓解措施时，应尽可能将项目每一个具体风险降低至可接受水平，从而降低项目总体风险水平。

（二）预防风险

土木工程项目风险预防分为有形和无形的手段。

1. 有形的风险预防手段

在有形手段中，常以土木工程措施为主。如在修山区高速公路时，为防止公路两侧高边坡的滑坡，可以采用锚固技术固定可能松动滑移的山体。有形的风险预防手段有多种多样的形式：①防止风险因素出现，即在土木工程活动开始之前就采取一定的措施，减少风险因素。②减少已存在的风险因素。如在施工现场，当用电的施工机械增多时，因电而引起的安全事故势必会增加，此时，可采取措施加强电气设备管理，如做好设备外壳接地等，减少因漏电引起的安全事故。③将风险因素同人、财、物在时间和空间上隔离。风险事件发生时，造成财产损毁和人员伤亡是因为人、财、物同时处于破坏作用范围之内。因此，可以把人、财、物与风险源在空间上实行隔离，在时间上错开，以达到减少损失和伤亡的目的。

2. 无形的风险预防手段

此种手段分为教育法和程序法。

教育法。土木工程项目实践表明，土木工程项目风险因素有一大类是由土木工程项目管理者和其他人员的行为不当引发的。因此，要降低与不当行为有关的风险，就必须对有关人员进行风险和风险管理的教育，主要内容包括：资金、合同、质量、安全等方面的法律、法规、规程规范、土木工程标准、安全技能等方面的教育。

程序法。程序法是指用规范化、制度化的方式从事土木工程项目活动，减少不必要的损失。土木工程项目活动许多是有规律的，若规律被打破，有时会给土木工程项目带来损失。如土木工程建设的基本建设程序要求是先设计后施工，若设计还没有完成就仓促上马施工，势必会出现设计变更增多、设计缺陷泛滥等问题。

（三）转移风险

土木工程风险应对策略中采用最多的是转移风险。转移风险是设法将某风险的结果连同风险应对的权利和责任转移给他方。实行这种策略要遵循三个原则: 转移风险应有利于降低土木工程造价和有利于履行合同; 谁能更有效地防止或控制某种风险或减少该风险引起的损失, 就由谁承担该风险; 转移风险应有助于调动承担方的积极性, 使其认真做好风险管理, 从而降低成本, 节约投资。

转移风险并不会减少风险的影响程度, 它只是将风险转移给另一方来承担。他人肯定会受到风险损失。各人的优势、劣势不同, 对风险的承受能力也不同。

在某些环境下, 转移风险者和接受风险者会取得双赢。而在某些情况下, 转移风险可能造成风险显著增加, 这是因为接受风险的一方可能没有清楚意识到所面临的风险。例如, 总承包商在和分包商签订分包合同时, 可能会制定一个误期损害赔偿条款, 该条款既包括分包商由于误期而需对主合同所做的赔偿又包括对主承包商所遭受损失的赔偿。分包商可能没有意识到这种转嫁给他的额外风险, 并且分包商很可能不具备承担这些风险的经济能力。

1. 转移风险的注意事项

实施转移风险策略应注意到: ①必须让承担风险者得到相应的回报; ②对于具体的风险, 谁最具有管理能力就转移给谁。

2. 转移风险的实现方法

转移风险可以通过土木工程的发包与分包、土木工程保险以及土木工程担保来实现。

（1）土木工程的发包与分包

土木工程的发包与分包属于非保险性转移风险。通过具体合同条款的签订、合同计价方式的选择, 能够有效转移风险。例如建设项目的施工合同按计价形式划分, 有总价合同、单价合同和成本加酬金合同。采用总价合同时, 承包商要承担很大风险, 而业主的风险相对而言要小得多。成本加酬金合同, 业主要承担很大的费用风险。采用单价合同, 承包商和业主承担的风险相当, 因而承包单位乐意接受, 故应用较多。

（2）土木工程保险和土木工程担保

现在最普遍的转移风险的方式就是通过保险转移风险, 以将不确定性转化为一个确定的费用。在建筑业中, 投保费用正变得越来越高昂, 因为对于建设土木工程项目, 没有任何缺陷是无法保证的, 一些问题可能在项目完工后很久才会被发现。这种在建筑物完工时或合同规定的缺陷责任期内无法发现的某些潜在缺陷正是建筑业的一大特点。而通过购买保险，土木工程项目投保人将本应自己承担的责任转移给保险公司（实际上是所有向保险公司投保的投保人）。土木工程担保通过担保公司或银行或其他机构与组织开具保证书或保函，在被担保人不能履行合同时，由担保人代为履行或进行赔偿。土木工程担保和保险都是一种补偿机制，其中担保主要是对人为责任的补偿，而保险则是对非人为或非故意人为责任的补偿。

目前对于发现潜在缺陷后的处理安排无法很好地满足业主、承包商或设计者的要求的，通常，在法庭上都需要确定建设过程中各方的责任和义务。对于业主来说存在着一种风险，即业主必须通过法律程序证明缺陷及其造成的损失是由其他方违反合同、忽略或忽视而引起的。对于承包商和设计者来说，他们在项目完工后许多年中都存在着业主索赔时需承担的潜在责任。而且，在多方关系中的连带责任中，可能导致土木工程各方中的一方或多方，将不得不认同赔偿的不合理的比例。

（四）回避风险

回避风险是指当土木工程项目风险潜在威胁发生的可能性太大，不利后果也太严重，又无其他策略可用时，主动放弃项目或改变项目目标与行动方案，从而规避风险的一种策略。如承包商通过风险评价后发现投某一标中标的可能性较小，且即使中标，也存在亏损的风险。此时，就应该放弃投标，以回避亏本的经济风险。

回避风险常用形式有两种：①完全拒绝承担风险；②抛弃早先承担的风险。

前者如放弃进行某高风险项目，即避免了这个高风险项目可能导致的损失；后者如已经开展的某项目，可中途中止合同。通过回避来消除风险的做法并不常见。一般来说，最适宜采用回避技术的有以下两种情况：①某种特定风险所致的损失频率和损失幅度相当高。②应用其他风险管理技术所需成本也超过其产生的效益。

此时，采用回避方法可使项目遭受损失的可能性降为零。

损失回避会因回避风险而失去一些可从潜在风险中获得的利益。故在采取该技术时，应考虑以下因素：①避免风险是否可能。有时，风险无法回避。例如，避免一切责任风险的唯一办法是取消责任，但有些责任无法取消。②避免风险是否适当。某些风险虽可回避，但从经济角度看也许不合算。若潜在利益远超过潜在的损失，就不应采用回避方法。③避免某种风险是否可能引发新的风险。例如，用铁路或公路运输来代替空运，避免航空运输可能带来的风险，但替换中新的风险即铁路或公路运输的风险也随之产生。

（五）自留风险

自留风险是一种风险财务技术，其明知可能会有风险发生，但在权衡了其他风险应对策略之后，出于经济性和可行性的考虑，仍将风险留下，若风险损失真的出现，则依靠项目主体弥补损失。

若从降低成本、节省土木工程费用出发，将自留风险作为一种主动积极的方式应用，则可能面临着某种程度的风险及损失后果，甚至在极端情况下，风险自留可能使土木工程项目承担非常大的风险，可能危及土木工程项目主体的生存和发展，所以，掌握完备的风险事件的信息是采用自留风险的前提。

自留风险可以是主动的，也可以是被动的。由于在风险管理规划阶段已对一些风险有了准备，所以当风险事件发生时马上执行应急计划，这是主动接受。在风险事件造成的损失数额不大，不影响项目大局时，将损失列为项目的一种费用，这是被动接受。自留风险是最省事的风险规避方法，在许多情况下也最节省成本。当采取其他风险规避方法的费用超过风险事件造成的损失数额，并且损失数额没有超过项目主体的风险承受能力时，可采取自留风险的方法。

（六）后备措施

有些风险要求事先制定后备措施。一旦实际进展情况与计划不同，就动用后备措施。后备措施通常包括以下 2 项。

1. 预算应急费

预算应急费是一笔事先准备好的资金，用于补偿差错、疏漏及其他不确定性对土木工程项目费用估计精确性的影响。

2. 技术后备措施

技术后备措施是专门为应付土木工程项目的技术风险而预先准备好的时间或一笔资金。准备好的时间主要是为应付技术风险造成的进度拖延；准备好的一笔资金主要是为对付技术风险提供的费用支持。

参 考 文 献

[1] 陈杰. 工业厂房施工组织设计综合评价分析 [D]. 广州：华南理工大学，2021.

[2] 程海蓉. 不同施工条件对砌体材料性能及工程质量的影响 [J]. 居舍，2022（12）：37-39.

[3] 杜博. 内墙砌筑脚手架在建筑工程中的应用 [J]. 建材与装饰，2019（24）：33-34.

[4] 付克军. 土木工程施工项目管理探析 [J]. 居舍，2022（7）：146-148.

[5] 付明琴，王翔. 土木工程施工中的材料选择及质量控制措施探究 [J]. 中国建筑装饰装修，2021
（12）：138-139.

[6] 高冬冬. EPC 国际土木工程项目承包商风险管理研究 [D]. 石家庄：石家庄铁道大学，2018.

[7] 郭晓峰. 土木工程建筑施工技术与创新策略 [J]. 散装水泥，2022（4）：99-101.

[8] 韩利. 探讨建筑浅基础工程施工技术 [J]. 城市建设理论研究（电子版），2017（9）：178-179.

[9] 何强. 土木工程建筑施工技术及创新探究 [J]. 中国住宅设施，2022（7）：151-153.

[10] 蓝昭明. 房建施工创优工程质量管理研究 [D]. 郑州：郑州大学，2017.

[11] 李娜. 装配式建筑施工起重机械选型与布置优化研究 [D]. 南京：南京林业大学，2021.

[12] 李旺红. 土木工程施工中的质量控制分析 [J]. 大众标准化，2022（6）：19-21.

[13] 李正军. 浅析土木工程项目施工进度和施工质量管理 [J]. 居舍，2022（13）：132-134.

[14] 潘星成. 土木工程项目施工风险管理的问题与对策 [J]. 居舍，2020（34）：125-126，116.

[15] 沈加波. 建筑土木工程施工技术控制的重要性分析 [J]. 中华建设，2022（9）：153-154.

[16] 孙本章. 公路桥梁桩基施工技术要点分析 [J]. 四川建材，2022，48（8）：148-149.

[17] 涂琳. 土木工程大体积混凝土施工质量控制探寻 [J]. 科技资讯，2022，20（14）：88-90.

[18] 王娜娜. 土木工程的施工进度管理及质量管理措施 [J]. 住宅与房地产，2017（12）：144-145.

[19] 王伟. BIM 技术在装配式房屋中的应用研究 [D]. 石家庄：石家庄铁道大学，2017.

[20] 王孜. 砌体结构建筑整体平移施工风险管理研究 [D]. 长沙：湖南大学，2020.

[21] 于立波. 土木工程施工材料的选择对施工进度的影响研究 [J]. 城市建筑，2021，18（32）：
170-172.

[22] 张文杰. 土木工程项目施工风险管理的问题与对策 [J]. 科技展望，2016，26（25）：198.

[23] 郑留欢. 土木工程施工质量检测信息化研究 [D]. 淮南：安徽理工大学，2020.

[24] 李启明，张星，袁竞峰，等. 土木工程合同管理 [M]. 南京：南京东南大学出版社，2015.

[25] 林文虎. 土木工程施工技术与组织 [M]. 重庆：重庆大学出版社，2013.